高等职业教育（本科）计算机类专业系列教材

职业教育新一代信息技术系列教材

HarmonyOS 应用开发基础

张　青　宋春胜　编著

机械工业出版社

本书共3个单元20个任务，系统讲解了 HarmonyOS 应用开发所涉及的技术和流程，主要内容包括开发环境搭建、TypeScript 基础语法、ArkTS 声明式语法、Stage 应用开发模型、页面布局与组件开发、自定义组件、使用动画、UIAbility 内部跳转与传值和轻量级数据存储等 HarmonyOS 应用开发的基础技术。基于华为自主研发的 HarmonyOS 操作系统和高效的 ArkTS 声明式开发，提高了开发效率。学习并掌握本书的内容后，读者可依据 HarmonyOS 应用开发技能进行科技创新。

本书既可以作为各类职业院校"移动应用开发""HarmonyOS 应用开发"等课程的教材，也可以作为 HarmonyOS 应用程序开发人员的技术参考书。

本书提供 PPT 电子课件、源代码等教学资源，教师可登录机械工业出版社教育服务网（www.cmpedu.com）注册后免费下载，或联系编辑（010-88379194）咨询。本书还配有二维码视频，读者可扫码观看。

图书在版编目（CIP）数据

HarmonyOS 应用开发基础 / 张青，宋春胜编著. — 北京：机械工业出版社，2024. 10. —（高等职业教育（本科）计算机类专业系列教材）. — ISBN 978-7-111-76791-6

Ⅰ. TN929.53

中国国家版本馆 CIP 数据核字第 2024KQ7966 号

机械工业出版社（北京市百万庄大街 22 号　邮政编码 100037）
策划编辑：李绍坤　　　　　　责任编辑：李绍坤　张翠翠
责任校对：肖　琳　李　杉　　封面设计：马精明
责任印制：常天培
北京机工印刷厂有限公司印刷
2024 年 12 月第 1 版第 1 次印刷
184mm×260mm · 11 印张 · 253 千字
标准书号：ISBN 978-7-111-76791-6
定价：49.00 元

电话服务　　　　　　　　　　网络服务
客服电话：010-88361066　　　机　工　官　网：www.cmpbook.com
　　　　　010-88379833　　　机　工　官　博：weibo.com/cmp1952
　　　　　010-68326294　　　金　书　网：www.golden-book.com
封底无防伪标均为盗版　　机工教育服务网：www.cmpedu.com

前　言

数字经济蓬勃发展、世界信息化技术竞争日趋激烈，对我国信息技术人才的培养提出了新的要求。数字原生代（也称 α 世代，泛指 2010 年后出生的一代人）在成长过程中对于新一代信息技术的认识和把握，在一定程度上决定信息文明时代的社会整体创新水平，而编程能力是理解和运用新一代信息技术的重要基础。

鸿蒙操作系统是华为自主研发的一款分布式操作系统。作为信创产业的重要组成部分，它面向全场景、全连接、全智能时代，让更多终端设备互相连接，打破单一物理设备硬件能力的局限，实现不同硬件间的能力互补和性能增强，促进万物互联产业的繁荣发展，是推动数字经济蓬勃发展的重要基础设施。

本书以"工作任务为导向""从项目中来到项目中去"为主旨，从 HarmonyOS 应用开发所用到的基本概念入手，按照"知识储备+任务实施"的方式安排全书的任务内容，引导学生从理解到掌握、再到实践应用，有效培养学生的实践应用能力。本书与新工科的理念相吻合，学生能够根据实际功能需求进行编程开发，在使用声明式开发范式进行高效的 UI 设计与开发时，养成良好的编程规范，培养清晰的逻辑思维与编程思想。

阅读本书的读者应具备的知识：面向对象开发的技术基础，了解 JavaScript 基础知识，具备一定的逻辑思维能力。

本书具有以下特色。

1）精选任务案例，通过不同任务的设计与实现将素质能力有机融入教材，培养学生 HarmonyOS 应用开发能力的同时，引导学生树立正确的价值观，提高学生的创新能力。

2）案例来源于真实项目需求。如 App 的闪屏页、引导页、主页、列表与网格数据展示、时间弹窗等，与 App 的实际项目开发流程相符合，并使用 HarmonyOS 应用开发技术实现相应功能，符合真实项目开发需求。

3）每个项目都有一个主题，每个任务实现一个功能。每个任务均由知识储备和任务实施两部分组成，涵盖了 HarmonyOS 应用开发技术和流程，做到了叙述上的前后呼应和技术上的逐步加深。

4）基于 DevEco Studio 3.1 Beta1（Build Version：3.1.0.200）开发环境、HarmonyOS SDK API 9、Stage 应用开发模型进行应用开发，引导学生关注鸿蒙应用开发的新技术，培养高效编程的思想，更贴合企业工作需求。

本书共 3 个单元 20 个任务，包括单元 1　HarmonyOS 应用开发准备、单元 2　ArkTS 声明式开发和单元 3　Stage 模型下的业务能力开发，建议学时为 64 学时。

本书由张青和宋春胜编著，其中单元 1 和单元 2 由张青编写，单元 3 由宋春胜编写，全书由张青统稿。

由于编者水平和经验有限，不足和疏漏之处在所难免，恳请各位专家和读者批评指正，并提出宝贵意见和建议。

编　者

二维码索引

序号	名称	图形	页码	序号	名称	图形	页码
1	1-1-1 HarmonyOS 简介		003	9	2-2 认识 ArkTS 声明式开发		045
2	1-1-2 开发前准备		004	10	2-3-1 Row 与 Column 组件的使用		053
3	1-2-1 认识 TypeScript		013	11	2-3-2 Row 与 Column 组件的使用 - 示例		053
4	1-2-2 TypeScript 常用基本数据类型		015	12	2-3-3 基础组件 1		053
5	1-3-1 TypeScript 函数		024	13	2-4-1 弹性布局和层叠布局		063
6	1-3-2 TypeScript 面向对象编程		027	14	2-4-2 进度条和滑动条		064
7	2-1-1 认识 ArkTS 工程 1		037	15	2-5-1 基础组件 2		070
8	2-1-2 认识 ArkTS 工程 2		037	16	2-5-2 promptAction 弹窗		071

（续）

序号	名称	图形	页码	序号	名称	图形	页码
17	2-6 自定义组件		077	26	2-9 UIAbility 内页面的跳转与数据传递		098
18	2-7 渲染控制		084	27	2-10-1 滑动视图容器组件 Swiper		105
19	2-8-1 状态管理基本概念		090	28	2-10-2 滑动视图容器组件 Swiper- 示例		105
20	2-8-2 页面级变量的状态管理 1-@State		090	29	2-11-1 页签切换容器组件 Tabs		109
21	2-8-3 页面级变量的状态管理 2-@Prop		090	30	2-11-2 页签切换容器组件 Tabs- 示例		109
22	2-8-4 页面级变量的状态管理 3-@Link		090	31	2-12-1 滚动容器组件 Scroll		117
23	2-8-5 页面级变量的状态管理 4-@State@Prop@Link		090	32	2-12-2 列表容器组件 List		117
24	2-8-6 页面级变量的状态管理 5-@Provide@Consume		090	33	2-12-3 列表容器组件 List- 示例		117
25	2-8-7 应用级变量的状态管理		090	34	2-12-4 网格容器组件 Grid		117

（续）

序号	名称	图形	页码	序号	名称	图形	页码
35	2-13-1 日期选择器和时间选择器		124	41	2-14-5 转场动画1		131
36	2-13-2 自定义对话框		125	42	2-14-6 转场动画2		131
37	2-14-1 属性动画		131	43	2-15 视频播放组件Video		142
38	2-14-2 属性动画-示例		131	44	3-1-1 UIAbility组件基础		150
39	2-14-3 显示动画		131	45	3-1-2 UIAbility组件交互		150
40	2-14-4 显示动画-示例		131	46	3-2 首选项		160

目 录

前言

二维码索引

单元 1　HarmonyOS 应用开发准备　// 001

任务1　搭建HarmonyOS应用开发环境　// 002

任务2　使用TypeScript基础语法　// 012

任务3　使用TypeScript进阶语法　// 023

单元 2　ArkTS 声明式开发　// 035

任务1　认识ArkTS工程　// 036

任务2　认识ArkTS声明式开发　// 044

任务3　开发设备控制页　// 052

任务4　开发数据展示页　// 062

任务5　开发登录页　// 069

任务6　自定义组件　// 076

任务7　渲染组件　// 084

任务8　组件间的状态管理　// 089

任务9　开发闪屏页　// 097

任务10　开发引导页　// 104

任务11　开发主页　// 109

任务12　展示列表与网格数据　// 116

任务13　开发自定义的时间弹窗　// 124

任务14　使用动画　// 130

任务15　视频播放　// 141

单元 3　Stage 模型下的业务能力开发　// 149

任务1　启动Stage模型下的UIAbility　// 150

任务2　使用首选项实现轻量级数据存储　// 159

参考文献　// 166

单元 1
HarmonyOS 应用开发准备

情境导入

作为一款全新的操作系统，HarmonyOS有着不同于传统操作系统的设计理念和编程模式。通过学习HarmonyOS，读者可以理解和掌握操作系统和软件的开发。HarmonyOS兼容多种设备，包括手机、平板计算机、电视、智能家居等，并支持多种应用程序框架，因此对于从事软件开发和设备管理的人员来说，掌握对HarmonyOS的开发技能是非常有必要的。在未来，随着HarmonyOS的推广和应用，相信它会成为业界领先的操作系统之一，因此学习HarmonyOS可为自己的职业发展打下坚实的基础。学习HarmonyOS有益于读者理解和掌握操作系统的开发与设计，还能够使读者拓展职业发展方向，并促使HarmonyOS具有越来越广阔的应用市场和前景。

DevEco Studio是华为专门为HarmonyOS量身定做的集成开发工具。开发者借助DevEco Studio工具，能得到智能提示、实时预览效果、运行多终端，并且提高了效率，减少了开发过程中遇到的问题。

HarmonyOS应用在开发UI时，推荐使用ArkTS声明式开发范式。ArkTS声明式开发使用的是ArkTS开发语言，ArkTS基于TypeScript开发语言并对其进行了扩展。在真正开始开发HarmonyOS应用前，需要先了解TypeScript的基本语法及ArkTS声明式开发范式的语法和工程结构。

本单元先介绍DevEco Studio开发工具的下载、安装和配置，接着介绍TypeScript的基础语法，帮助读者快速掌握ArkTS开发语言的逻辑语言TypeScript，为后续的HarmonyOS应用开发做准备。

任务1 搭建HarmonyOS应用开发环境

任务描述

本任务完成DevEco Studio开发工具的下载、安装,并创建第一个HarmonyOS ArkTS工程,之后预览应用并在模拟器上运行。

学习目标

知识目标

- 了解鸿蒙;
- 了解OpenHarmony;
- 了解HarmonyOS;
- 了解DevEco Studio。

能力目标

- 能完成DevEco Studio的下载与安装;
- 能完成HarmonyOS SDK的下载;
- 能完成HarmonyOS ArkTS工程的创建;
- 能完成HarmonyOS应用的预览和运行。

素质目标

- 能够认识到信息的重要性,对信息有敏感性和洞察力,能够主动地获取、分析、处理、应用和评价信息;
- 能够遵守信息社会法律法规,具备信息安全意识,有道德修养和社会责任感。

知识储备

1. 了解鸿蒙

鸿蒙操作系统是华为从2012年开始投入研究的,经过7年发展,在2019年8月正式发布。鸿蒙操作系统的目标是面向全场景、全连接、全智能时代，为下一个时代提供先进的泛智能终端操作系统，其发展时间线如图1-1所示。

图1-1 鸿蒙发展时间线

2. 了解OpenHarmony

2020年6月，开放原子开源基金会由华为、阿里、腾讯、百度、浪潮、招商银行、360等10家互联网企业共同发起组建，是我国在开源领域的首个基金会。华为在2020年9月向基金会捐赠鸿蒙代码OpenHarmony 1.0，2021年6月向基金会捐赠鸿蒙代码OpenHarmony 2.0，形成OpenHarmony（意为"开源鸿蒙"）项目，项目地址为https://gitee.com/openharmony。

OpenHarmony提供智能终端设备的操作系统底座框架和平台。参与者只要遵循开源协议和法律，就可以持续为OpenHarmony开源项目贡献代码，共同促进万物全场景、全连接、全智能的互联产业的繁荣发展。

3. 了解HarmonyOS

HarmonyOS就是鸿蒙操作系统，是商用版本，是华为基于OpenHarmony、AOSP（Android Open Source Project，发起者是谷歌，是移动设备的系统）等开源项目推出的新一代智能终端操作系统。HarmonyOS手机和平板计算机也能运行Android应用，这是因为HarmonyOS遵循了Android的AOSP。

2020年9月，华为正式发布HarmonyOS 2.0版本。2022年7月，华为正式向消费者推出HarmonyOS 3.0系统，并按计划于2023年推出HarmonyOS 4.0系统。

HarmonyOS整体遵从分层设计，从下向上依次为内核层、系统服务层、框架层和应用层。系统功能按照"系统>子系统>功能/模块"逐级展开，在多设备部署场景下，支持根据实际需求裁剪某些非必要的子系统或功能/模块。在框架层，鸿蒙操作系统提供了用户程序框架、Ability框架以及UI框架，支持应用开发过程中多终端的业务逻辑和界面逻辑进行复用，能够实现应用的一次开发、多端部署，其系统架构如图1-2所示。

HarmonyOS是一款支持多设备的操作系统，"一生万物，万物归一"。HarmonyOS以手机为核心，将生活场景中的各类终端进行能力整合，构建"1+8+N"全场景应用，实现不同终端设备之间的快速连接、服务流转、能力互助、资源共享，匹配合适的设备、提供流畅的全场景体验，如图1-3所示。

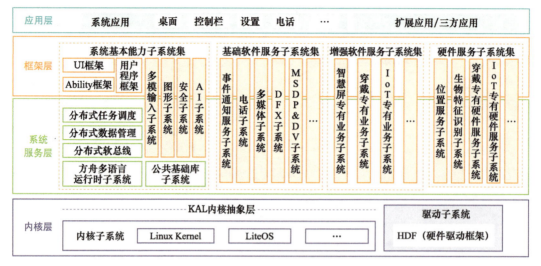

图1-2　HarmonyOS系统架构

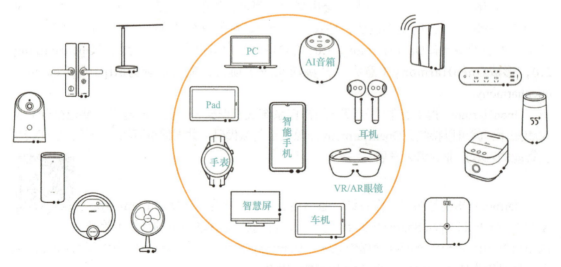

图1-3　1+8+N全场景应用

4. 了解DevEco Studio

扫码观看视频

HUAWEI DevEco Studio（简称DevEco Studio）是面向华为终端全场景多设备的一站式集成开发环境（IDE）。除了具有创建工程、开发、编译、调试、发布等功能外，DevEco Studio还可以支持多设备开发，以及实时预览器/模拟器等。

DevEco Studio支持多设备预览、模拟器运行、真机运行3种方式。开发者可以在DevEco Studio中使用远程模拟器（Remote Emulator）运行应用，也可以下载本地模拟器（Local Emulator）运行应用，开发者还可以使用超级终端（Super Device）模拟器调测跨设备的应用。

任务实施

本任务完成DevEco Studio的下载与安装，并创建ArkTS工程，以及预览和运行HarmonyOS应用。

1. 下载并安装DevEco Studio

DevEco Studio可以在华为鸿蒙官网（https://developer.harmonyos.com）下载，用户可根据自己的计算机系统类型，下载对应版本的DevEco Studio。

这里以DevEco Studio 3.1 Beta1版本为例，平台选择Windows（64-bit），单击“Download”下对应的图标进行下载，如图1-4所示。

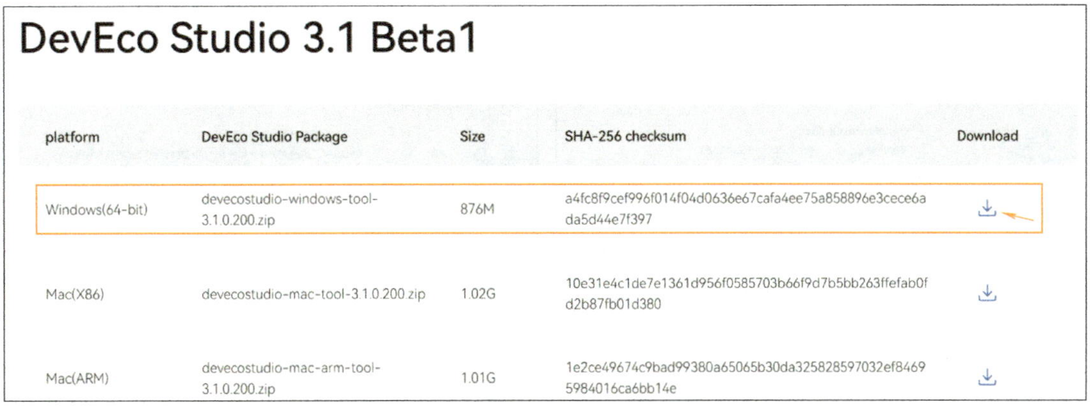
DevEco Studio 3.1 Beta1

platform	DevEco Studio Package	Size	SHA-256 checksum	Download
Windows(64-bit)	devecostudio-windows-tool-3.1.0.200.zip	876M	a4fc8f9cef996f014f04d0636e67cafa4ee75a858896e3cece6ada5d44e7f397	
Mac(X86)	devecostudio-mac-tool-3.1.0.200.zip	1.02G	10e31e4c1de7e1361d956f0585703b66f9d7b5bb263ffefab0fd2b87fb01d380	
Mac(ARM)	devecostudio-mac-arm-tool-3.1.0.200.zip	1.01G	1e2ce49674c9bad99380a65065b30da3258285970 32ef84695984016ca6bb14e	

图1-4　DevEco Studio下载

在弹出来的“HUAWEI DevEco Studio Beta试用协议”界面中勾选“我已经阅读并同意HUAWEI DevEco Studio Beta试用协议”复选框，单击“同意”按钮后开始下载，如图1-5所示。

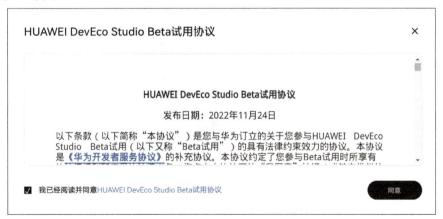

图1-5　同意试用协议

下载完毕后，先解压安装包，然后双击解压好的 deveco-studio-3.1.0.200.exe文件，进入安装向导，从中选择安装路径（安装路径可自定义）、勾选安装选项等，安装完成后需要重启计算机，操作如图1-6～图1-11所示。

图1-6 安装向导

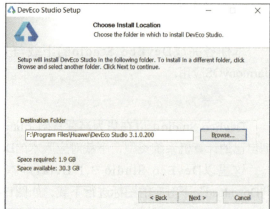
图1-7 选择安装路径

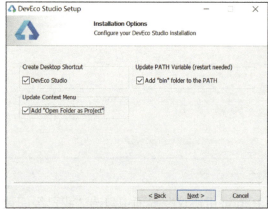
图1-8 勾选安装选项

图1-9 选择开始菜单文件夹

图1-10 安装中

图1-11 安装完成后立即重启

2. 设置npm和Node.js

重启计算机后，找到桌面上的**DevEco Studio**图标，双击打开，在出现的欢迎页面中单击"**Agree**"按钮后，选择不导入之前的配置选项，如图1-12和图1-13所示。

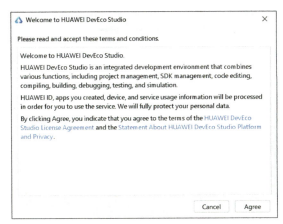

图1-12　欢迎页面

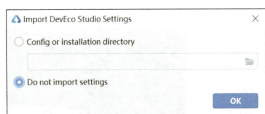

图1-13　选择不导入之前的配置选项

HarmonyOS基于ArkTS开发，需要JavaScript运行环境。Node.js是一个JavaScript运行环境。在DevEco Studio安装过程中需要安装Node.js和npm包管理器，按提示进行Node.js和npm的镜像设置和下载。Node.js的设置如图1-14所示。

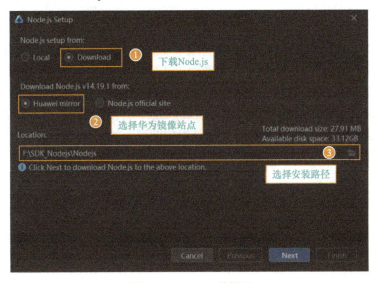

图1-14　Node.js的设置

3. 下载HarmonyOS SDK

经过上述步骤后，DevEco Studio会自动检查本地路径下是否存在HarmonyOS SDK。如果不存在，则会弹出SDK的安装向导，选择SDK的存放路径（可自定义），确认SDK的设置。在弹出来的接受许可协议页面，选择"Accept"，接受协议后，等待SDK下载完毕。

SDK下载完毕后，就会进入DevEco Studio欢迎页面。欢迎页面默认是黑底白字的，需要的时候可以设置为白底黑字，如图1-15所示。

至此，就安装并配置好了DevEco Studio开发工具。

图1-15　DevEco Studio欢迎页面

4．创建HarmonyOS工程

在DevEco Studio欢迎页面中单击"Create Project"选项进行项目（工程）创建，在弹出来的模板窗口中先选择"HarmonyOS"项，再选择"Empty Ability"，创建空的Ability模板项目，单击"Next"按钮进行下一步的配置，如图1-16所示。在创建项目的配置信息页面，配置项目名"Project1_Task1"、项目类型（选择"Application"单选按钮代表是应用程序）、应用包名、保存路径（可自定义），"Compile SDK"和"Compatible SDK"都选择API 9版本，Model（模型）选择"Stage"，Language（开发的语言）选择"ArkTS"，并选择支持的设备类型等信息，其他参数保持默认设置即可，如图1-17所示。

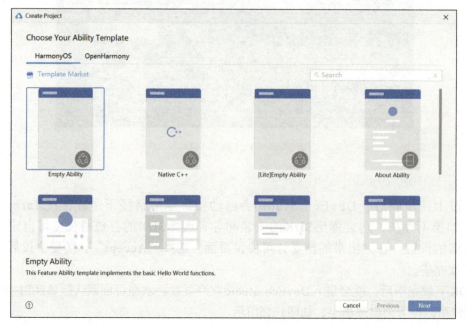

图1-16　选择模板窗口

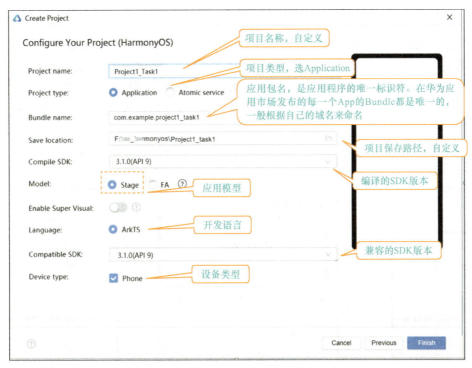

图1-17 创建HarmonyOS 项目

配置完项目创建信息，单击"Finish"按钮后，工具会自动生成模板代码和相关资源，接下来需要等待项目创建完成，当底部右区域状态栏不再变化时，就说明项目构建完成了。此时，项目默认打开Index.ets页面，可以单击右侧的Previewer预览器按钮查看应用的运行效果，如图1-18所示。

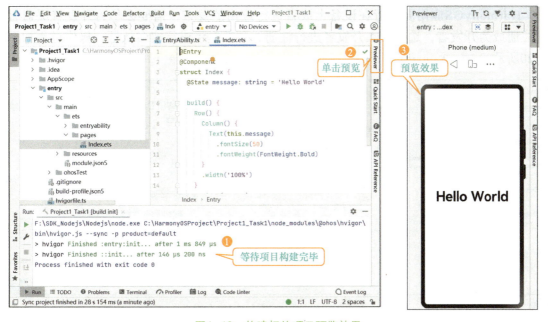

图1-18 构建好的项目预览效果

5. 实时预览HarmonyOS应用

DevEco Stuidio可以在页面开发过程中同步更新预览效果。在预览器中，可以实时查看、编辑组件的属性，方便开发者随时调整代码，并可实时查看应用/服务的运行效果。

打开上述构建完毕的项目下的pages/Index.ets页面，单击预览器，即可呈现实时界面的预览效果；在预览器选项卡，单击多设备预览按钮，可针对性地查看在某类型设备上的布局效果，如图1-19所示。

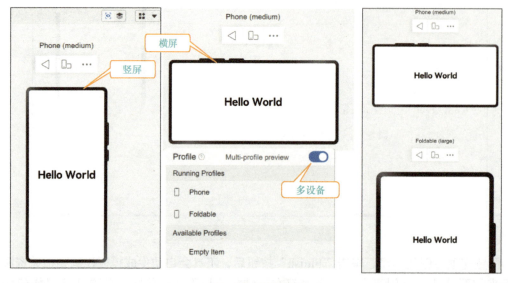

图1-19　预览效果

6. 注册并实名认证华为开发者账号

HarmonyOS应用要运行在设备上或者进行应用的发布，需要去华为开发者联盟官网注册成为开发者，选择个人开发者进行注册，并按提示进行实名认证，操作过程如图1-20所示。

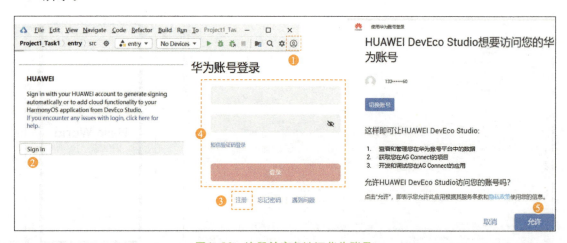

图1-20　注册并实名认证华为账号

7. 在模拟器上运行HarmonyOS应用

注册华为账号后，在DevEco Studio中选择"Tools→Device Manager"菜单项，如果用户还未登录，则需要按提示进行授权以登录华为账号，如图1-21所示。

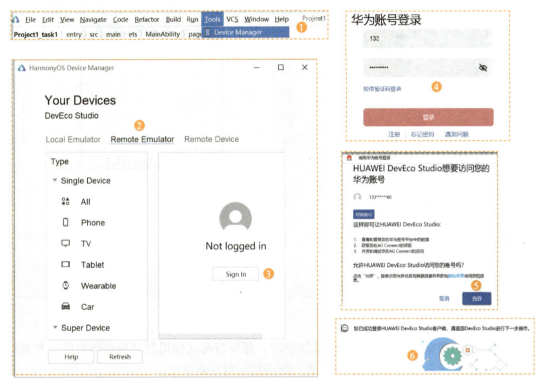

图1-21　请求远程模拟器

成功授权后，回到DevEco Studio中，此时Remote Emulator（远程模拟器）选项卡下面就列出了不同设备类型的远程模拟器，选择API版本为9的P50远程模拟器，单击右侧Actions下的三角符号即可启动远程模拟器，如图1-22所示。HarmonyOS模拟器启动好后，在设备选择列表中选择应用运行的目标设备，然后单击"运行"按钮，等待自动打包和上传完毕，App应用就运行到模拟器中，如图1-23所示。

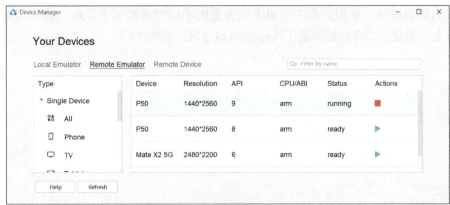

图1-22　启动远程模拟器

图1-23　在模拟器中运行应用

远程模拟器限定为每次使用2h后释放资源，开发者再次使用时需要重新申请。有真机的读者可以按官方文档操作进行真机签名，把应用运行在真机上。

至此，完成了HarmonyOS开发环境的搭建，并在没有写一行代码的情况下运行了默认的HarmonyOS应用。为什么应用运行时界面会出现Hello World？答案将在后续任务中进行揭晓。

任务小结

本任务带领读者了解了OpenHarmony和HarmonyOS的区别和联系，进行了HarmonyOS应用开发的环境搭建、在预览器中使用不同设备的不同模式预览了应用、将应用运行在远程模拟器上。至此，读者已经踏进了HarmonyOS应用开发的大门。

任务2　使用TypeScript基础语法

任务描述

本任务主要学习TypeScript开发语言的基础用法，在DevEco Studio环境中编写、编译和运行TypeScript程序，以支撑HarmonyOS基于ArkTS语言的开发需求。

学习目标

知识目标

- JavaScript与TypeScript概述；
- TypeScript程序的编译和运行；
- TypeScript语法说明；
- TypeScript变量声明；
- TypeScript的常用基础数据类型。

能力目标

- 能声明TypeScript的不同类型的变量；
- 能编写、编译、运行TypeScript程序；
- 能阅读IDE的出错提示并解决错误。

素质目标

- 能够判断何时需要信息，以及如何获取、评价和使用信息；
- 具有正确的编程思路。

知识储备

1. JavaScript与TypeScript概述

JavaScript语言（简称"JS"）是解释型脚本语言，目前广泛应用在Web端、移动端、小程序端、桌面端、服务端的开发中，开发人员使用JavaScript来给应用添加各种动态功能，编写可在任何平台和浏览器中运行的跨平台应用程序。虽然JavaScript可用于创建跨平台应用，但它是一个在程序运行期间才做数据类型检查的语言，称为动态类型语言。变量的类型是动态的、可变的、不确定的，在运行之前不能检测类型，因此JavaScript缺少一些更成熟的语言所具备的功能，不适合开发大型应用。

ES6（全称"ECMAScript 6.0"），是JavaScript的一个版本标准。2015年6月，ES6版本正式成为国际标准。

TypeScript（简称"TS"）是微软开发的一种开放源代码语言，于2013年发布了正式版，是JavaScript的一个超集，完全兼容并扩展了JavaScript，遵循ES6的语法，可以编译成纯JavaScript代码。TypeScript通过类型注解提供编译时的静态类型检查，通过类型标注在代码中给数据添加类型说明，当一个变量或者函数（参数）等被标注类型以后，就不能存储或传入与标注类型不符合的数据。TypeScript编译器按照标注对这些数据进行类型合法检测，各种编辑器、集成开发环境等就能进行智能提示，因此TypeScript能够在任何地方使用任何平台、浏览器或主机运行代码，适合复杂度较大、团队合作程度较高的程序。目前TypeScript广泛应用在移动端、前端开发中。

TypeScript、JavaScript、ES6的关系如图1-24所示。

图1-24　TypeScript、JavaScript、ES6的关系

ArkTS是鸿蒙生态的一种应用开发语言，它在TypeScript的基础上扩展了声明式UI、状态管理等相应的能力，让开发者可以用更简洁自然的方式开发高性能应用。

2. TypeScript程序的编译和运行

TypeScript程序通过编译器编译成普通、干净、完整的纯JavaScript程序，可运行在任何浏览器、操作系统、可运行JavaScript的地方。

TypeScript程序文件的扩展名是.ts，可使用命令tsc将TypeScript程序编译成JavaScript程序，命令如下：

```
tsc test.ts
```

执行命令后会生成一个同名的.js文件，使用命令node执行.js文件，命令如下：

```
node test.js
```

TypeScript代码的编译和执行过程如图1-25所示。

图1-25　TypeScript代码的编译和执行过程

3. TypeScript语法说明

TypeScript程序的组成部分有模块、函数、变量、语句和表达式、注释，以及它的运算符、条件、循环、数组、函数、类、对象、接口等，因为基本使用概念和语法与Java的很类似，所以这里只介绍TypeScript的基础语法与Java使用上的不同之处，不具体展开语法细节。需要注意的是：TypeScript程序是区分大小写的；结束语句可以使用分号，也可以不使用分号；字符串可以使用单引号，也可以使用双引号。

4. TypeScript变量声明

变量用来存储数据值，在程序运行过程中值是可以被改变的。TypeScript使用var或let声明一个变量。TypeScript变量的命名规则是：

- 变量名称可以包含数字和字母；

- 除了下画线"_"和美元"$"符号外，不能包含其他特殊字符，包括空格；
- 变量名不能以数字开头。

变量在使用前必须先声明，TypeScript声明变量的方式有4种，见表1-1。

表1-1 TypeScript声明变量的方式

序号	声明方式	格式说明	使用示例
1	声明变量的类型及初始值	let [变量名] : [类型]=值;	let uname:string="hello";
2	声明变量的类型，但没有初始化值，变量值会设置为 undefined	let [变量名] : [类型];	let uname:string;
3	声明变量并初始化值，但不设置类型，该变量的类型由初始化值的类型决定	let [变量名]=值;	let uname="hello";
4	声明变量，没有设置类型和初始值，默认类型为any类型，默认初始值为 undefined	let [变量名];	let uname;

TypeScript在编译时进行类型检查，遵循强类型。如果将不同的类型赋值给变量，则会编译错误，示例代码如下。

```
1.//声明变量val，并赋初始值
2. let val=123;
3.//使用变量
4. val=456 ;                          //正确
5. console.log(val);                  //在控制台打印出变量val的值
6. val='deg';                         //编译错误
```

5. TypeScript的常用基础数据类型

扫码观看视频

TypeScript的常用基础数据类型有any（任意类型）、number（数字类型）、string（字符串类型）、boolean（布尔类型）、数组类型、元组类型、enum（枚举）、void、null、undefined、never、联合类型。

（1）any

any代表任意类型，声明为any的变量可以赋予任意类型的值，使用typeof（变量名）可以测出变量的类型。示例代码如下。

```
1. let data: any;                    //声明变量data为any类型
2. data="hello";                     //将字符串赋值给data
3. console.log(typeof(data));        //输出data的类型为string
```

（2）number

number代表数字类型，是浮点值，它可以用来表示整数和小数。示例代码如下。

```
1. let data: number;                 //声明变量data为数字类型
2. data=222;
3. console.log(typeof(data));        //number
```

（3）string

string代表字符串类型，使用单引号（'）或双引号（"）来表示字符串类型，反引号（`）用来定义多行文本和内嵌表达式，反引号中的${变量名}会替换成相应的变量的值。示例代码如下。

```
1. let data: string="hello";              //声明变量data为字符串类型
2. let data=`${data}`;                    //使用反引号,${变量名}会获取到相应变量的值
3. console.log(data);                     //hello
```

（4）boolean

boolean代表布尔类型，表示逻辑值：true和false。示例代码如下。

```
1. let data: boolean=true;                //声明变量data为boolean类型
```

（5）数组类型

数组中放的都是类型相同的数据，声明数组类型没有专门的关键字，使用[]声明变量为数组类型，或者使用<>泛型声明，使用数组成员时通过[索引下标]获取，第1个成员的索引下标为0。示例代码如下。

```
1. //声明变量datas为数组类型，数组中都是数字，声明数组时同时初始化值
2. let datas: number[]=[4,8,7];
3. //声明变量temps为数组泛型，数组中的数据类型是number
4. let temps: Array<string>=["hi", "ArkTS"];
5. console.log(temps[1]);                 //获取temps数组的第2个成员的值，值为ArkTS
```

（6）元组类型

元组类型没有专门的关键字，用来表示已知元素数量和类型的数组，各元素的类型不必相同，初始化值时，对应位置的数据类型要相同。示例代码如下。

```
1. let temps: [number,string,boolean]=[2,'Hi',false];  //个数、类型、顺序要一致
2. temps=["UI", 'HarmonyOS',true];        //编译报错：不能将类型"string"分配给类型"number"
```

（7）enum

enum代表枚举类型，用于定义数值的集合，第1个位置的值为0。示例代码如下。

```
1. enum DeviceType{
2.     ZigBee,
3.     LoRa
4. }
5. console.log(DeviceType.LoRa+"");       //从枚举类中取LoRa成员的值，值为1
```

（8）void

void用来表示空，用在函数中表示该函数没有返回值。示例代码如下。

```
1. function testFun(): void{              //函数没有返回值
2.     return 123;                        //编译报错：不能将类型"number"分配给类型"void"
3. }
```

（9）undefined与null

undefined声明变量，但没有初始化，表示变量为一个未定义的值；null表示对象没有初始化，示例代码如下。

```
1. let cat;                              //声明变量cat，但没有初始化
2. console.log(cat+"");                  //undefined
3. cat=null;
4. if(null==cat)
5. {
6.    console.log(cat+"");               //null
7. }
```

（10）never

never是其他类型（包括null和undefined）的子类型，代表从不会出现的值，用在函数中可用来限制函数永远也执行不到返回值的地方。示例代码如下。

```
1. function testFun(): never{            //正确
2.    while(true) {                      //…}
3.    //while循环为恒真，永远也不会执行到这里
4. }
```

（11）联合类型

联合类型使用管道符号（|），可以将变量声明为多种类型，赋值时可以根据声明的类型来赋值。示例代码如下。

```
1. let x: string|number;
2. x=12;                                 //正确
3. x="haha" ;                            //正确
4. x=true;                               //编译报错
```

TypeScript中也有运算符、条件、循环等基础语法，因为这些语法与面向对象的基础语法相同，这里就不再展开。

任务实施

本任务主要完成在DevEco Studio环境中编写、编译、运行TypeScript程序，并练习TypeScript的基础语法的使用。

1. 检查环境

由于本任务需要使用命令编译和运行TypeScript程序，因此需要在系统环境变量Path中配置Node.js的安装路径。在计算机的系统属性中，检查环境变量Path中是否已正确配置了Node.js的安装路径，如果没有，请自行添加，如图1-26所示。

使用管理员身份打开PowerShell,输入命令set-executionpolicy remotesigned，根据提示回复y进行确认，启用命令行的脚本功能，如图1-27所示。

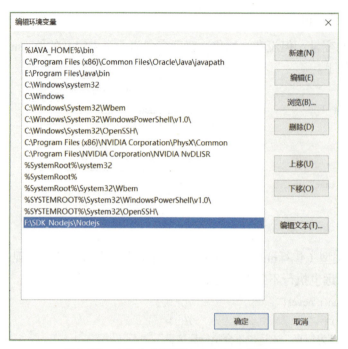

图1-26　在Path中配置Node.js的安装路径

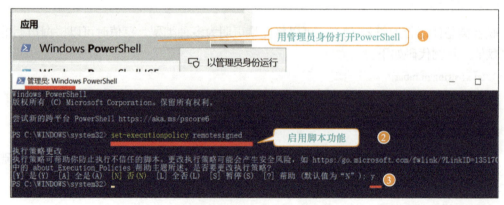

图1-27　启用命令行的脚本功能

2. 在DevEco Studio中编写、编译和运行TypeScript程序

DevEco Studio集成开发环境（IDE）支持TypeScript插件。在IDE中编写TypeScript代码时，TypeScript编译器会按照标注对数据进行类型合法检测，IDE能进行智能提示。在DevEco Studio中编写、编译和运行TypeScript代码的过程请遵循以下步骤。

第一步　打开DevEco Studio，创建工程Project1_Task2。

第二步　由于TypeScript的代码要写在.ts文件中，因此需要创建test.ts文件。在ets目录上单击鼠标右键，选择"New→Directory"命令，创建名为study_ts的目录；在目录study_ts上单击鼠标右键，选择"New→TypeScript File"命令，创建名为test.ts的文件，如图1-28所示。

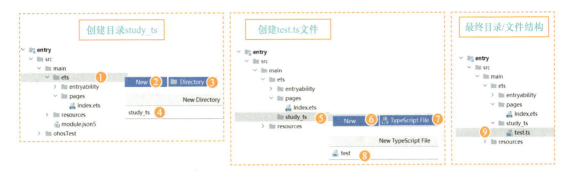

图1-28　创建test.ts文件的操作过程

第三步　编写、编译和运行TypeScript程序。打开test.ts进行代码的编写，代码如下。

1. //定义一个变量
2. let val: number;
3. val=9;
4. console.log(val);   //编译错误，log()函数要求参数类型为string
5. console.log(val+"");   //用字符串连接符号+将number类型的val变成string类型
6. val='abc';   //编译错误，不能把string类型的值赋给number类型的变量

代码编写完毕后，可以看到IDE有出错提示，如图1-29所示。

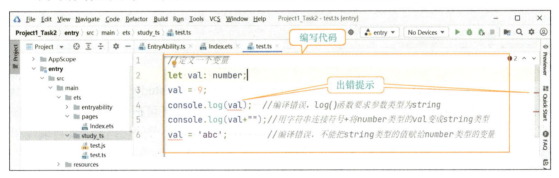

图1-29　编写代码并查看出错提示

在编写上述代码时，IDE在编译时能够检查出类型不匹配，并用波浪线进行出错提示。鼠标指针移动到波浪线附近，IDE会给出真正的出错原因提示。上述代码出错的原因是console.log()函数需要的是string类型，但是变量val是number类型，因此才在后面使用+""，利用字符串的连接符号+巧妙地把结果变成string类型，满足log()传参类型的要求。

把上述代码中第4行和第6行的出错代码进行修改，或者用//进行屏蔽后，即可对程序进行编译和运行。

第四步　单击DevEco Studio底部的"Terminal"选项打开终端，将目录切换到study_ts目录下，使用dir命令查看文件，使用tsc test.ts命令进行编译，使用node test.js命令运行程序，并在终端中查看运行结果，如图1-30所示。

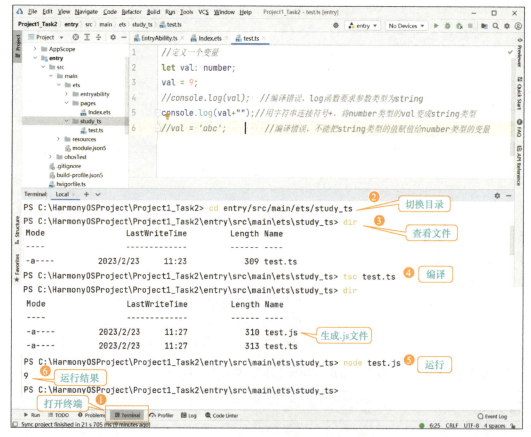

图1-30 在IDE中编译和运行TypeScript程序

接下来，针对TypeScript每一个基础语法的小练习，都可以在study_ts目录下新建一个.ts文件，并遵循上述操作步骤来操作。对于编译报错的代码，读者可把那行代码前面的//去掉，然后阅读IDE给出的出错提示，并进行修改。编写完每一个小节的代码后，即可编译和运行，排查完错误并检查结果无误后再进行下一个小节代码的编写。

3. 声明与使用变量

在新创建的test1.ts中编写代码，进行变量的声明与使用练习，代码如下。

```
1. //1. 可以一次定义多个变量
2. let val=123, data='abc';
3. //2. 定义时可以只声明不赋值
4. let val2, data2;
5. //3.定义之后可以随时修改变量的值
6. let val3=123, data3='abc';
7. val3=456;
8. data3=' deg ' ;
9. console.log(val3+" "+ data3);          //输出：456 deg
10. //4.未使用let关键字定义的变量，编译会出错，因此需要先定义后使用
11. //console.log(count);                  //编译报错：count未定义
12. let count=123;
```

13. //5.在同一作用域下不能重复定义同名变量
14. let count2=123;
15. //let count2='abc';   //编译报错：count2已经被声明过
16. console.log(count2+" ");   //输出：123
17. //6. 在代码块中使用let关键字声明的变量会被束缚在代码块中
18. {
19.   let count3=789;
20.   console.log(count3+"")   //输出：789
21. }
22. //console.log(count3+"");   //编译报错：count3未定义

4. 使用基础数据类型

这里练习各基础数据类型的使用，每编写完一部分代码，即可编译、运行、查看结果，之后再继续下一部分代码的练习。

（1）使用any类型

在新创建的test2_any.ts中编写代码，练习any类型的使用，代码如下。

1. let data: any;   //声明变量data为any类型
2. data="hello";   //将string类型的hello值赋值给data
3. console.log(typeof(data));   //输出data的类型为string
4. data=true;   //将boolean类型的true赋值给data
5. console.log(typeof(data));   //data的类型为boolean
6. data=12;   //将number类型的值12赋值给data
7. console.log(typeof(data));   //输出data的类型为number

（2）使用number类型

在新创建的test2_number.ts中练习number类型的使用，代码如下。

1. let data: number;   //声明变量data为number类型
2. data=222;
3. console.log(typeof(data));   //number
4. data=5.6;
5. console.log(typeof(data));   //number
6. let data2=300;   //声明data2并初始化为300，data2会被自动推断为number类型
7. console.log(typeof(data2));   //number
8. //data2='abc';   //编译报错：不能将类型string分配给类型number

（3）使用string类型

在新创建的test2_string.ts中编写代码，练习string类型的使用，代码如下。

1. let data: string;   //声明变量data为string类型
2. data="hello";   //使用双引号
3. let res='world';   //使用单引号
4. let val=`${data} ${res}`;   //使用反引号,${变量名}会获取到相应变量的值
5. console.log(val);   //hello world

（4）使用boolean类型

在新创建的test2_boolean.ts中编写代码，练习boolean类型的使用，代码如下。

```
1. let data: boolean=true;              //声明变量data为boolean类型
2. console.log(typeof(data)+" "+ data); //boolean true
3. data=false;
4. console.log(data+"");                //false
5. //data=123;                          //编译报错：不能将类型number分配给类型boolean
```

（5）使用数组

在新创建的test2_arr.ts中编写代码，练习数组的使用，代码如下。

```
1. let names: string[]=["李杰","王四","张三"];
2. for(let i=0;i<names.length;i++)
3. {
4.     console.log(names[i]);           //遍历数组中的内容:李杰 王四 张三
5. }
6. //声明变量datas为数组类型，数组中都是number类型的数据，声明数组时同时初始化值
7. let datas: number[]=[100,200,300];
8. //声明变量temps为数组泛型，数组中的数据类型是number
9. let temps: Array<number>=[23.6,38.0];
10. for(let i=0;i<temps.length;i++)
11. {
12.     console.log(temps[i]+"");       //23.6 38.0
13. }
14. //声明变量result为数组泛型，数组中的数据类型是any
15. let result: Array<any>=[];
16. result.push(100);                   //把100放入数组中
17. result.push("abc");
18. console.log(result+"");             //100 abc
19. console.log(result[0]);             //100
```

（6）使用元组

在新创建的test2_arr2.ts中练习元组的使用，代码如下。

```
1. let temps: [number,string,boolean] ;   //声明元组，但不设置初始化值
2. temps=[100,'HarmonyOS',true];          //个数、类型、顺序要一致
3. //使用for…of循环遍历数组中的成员，替代 for…in 和 forEach()
4. for(let val of temps)
5. {
6.     console.log(val+"");               //val是数组中的每一个值
7. }
8. //temps=["ArkTS",'HarmonyOS',true];    //编译报错：不能将类型string分配给类型number
9. //temps=[100,'HarmonyOS'];             //编译报错：源具有2个元素，但目标需要3个
10. //temps=[100,'HarmonyOS',true,12];    //编译报错：源具有4个元素，但目标仅允许3个
```

（7）使用枚举

在新创建的test2_enum.ts中练习枚举的使用，代码如下。

```
1. enum DeviceType{
2.     Sensor_temp,
3.     Sensor_humi,
4.     Led
5. }
6. console.log(DeviceType.Led+"");            //2
7. enum DeviceType2{
8.     Sensor_fire=2,                          //如果第1个值设置为2，则后面的枚举值从2开始递增1
9.     Sensor_smoke
10. }
11. console.log(DeviceType2.Sensor_smoke+""); //3
```

（8）使用联合类型

在新创建的test2_union.ts中练习联合类型的使用，代码如下。

```
1. let res: boolean|string;
2. res="haha";        //正确
3. res=true;          //正确
4. //res=12;          //编译报错
```

到这里为止，已经体验了TypeScript的变量声明、数据类型的用法，其中数据类型中的void、undefined、null的应用与函数和对象有关，因此会在下一个任务中进行应用。在接下来的任务中，将会继续学习TypeScript函数、类、接口的用法，为后续开发做准备。

任务小结

本任务在介绍了TypeScript与JavaScript间的关系后，重点讲解了TypeScript的变量声明、基础数据类型的使用，并编译和运行了TypeScript的代码，通过IDE提供的编译时类型检查及相关出错提示提高了TypeScript代码的编写效率。读者应多学多练，灵活应用，熟练掌握TypeScript的基础语法。

TypeScript中也有运算符、条件、循环等基础语法，读者也可以在DevEco Studio中进行相关语法的练习。

任务3　使用TypeScript进阶语法

任务描述

本任务讲解TypeScript的函数和面向对象的类、接口的使用。本任务有一定的难度，初学者可以先尝试了解TypeScript的面向对象语法，能读懂代码，在后续的开发中再慢慢深入理解。

学习目标

知识目标

- 了解TypeScript的函数使用；
- 了解TypeScript中面向对象的使用；
- 了解TypeScript中类的定义和对象的使用；
- 了解TypeScript中接口的声明和使用。

能力目标

- 能定义与调用函数；
- 能读懂类和对象的创建代码；
- 能读懂接口的声明代码。

素质目标

- 培养谦虚、好学、勤于思考、认真做事的良好习惯；
- 具有正确的编程思路。

知识储备

1. TypeScript的函数使用

函数在TypeScript中是很重要的组成部分，每一个函数都可执行一个特定的任务。

（1）函数定义与调用

定义函数使用function关键字，语法是：

```
1. function 函数名(形参: 类型, 形参: 类型…): 返回值的类型
2. {
3. //要执行的代码
4. }
```

函数定义好后，需要被调用才能执行函数中的代码，示例代码如下。

```
1. //定义一个函数test()，没有参数，没有返回值的类型
2. function test()
3. {
4.     console.log("hello")         //要执行的代码块
5. }
6. test();                          //调用函数
```

（2）函数的返回值

如果函数只执行过程，不需要有返回值，则该函数可以用void声明；如果希望函数执行结束能返回一个值，则需要使用return语句。在执行到return语句时，函数会停止执行，并返回与函数定义时的返回类型一致的值。如果函数定义时没有指明void和返回值的类型，则函数的返回值类型依情况而定，示例代码如下。

```
1. //定义函数，该函数的返回值类型为string
2. function test100(): string{
3.     return "hi"                    //返回一个string类型的结果
4. }
5. let res_fun1: string=test100();    //调用函数并接收函数的返回值
6 //定义函数，该函数没有返回值
7. function test200(): void{
8.     return "hi"                    //编译报错
9. }
10. //定义函数，该函数的返回值未指明类型或void，则函数的返回值类型依情况而定
11. function test300(){
12.    return 123                     //返回一个number类型的值
13. }
14. let res300: number=test300();     //调用函数并接收函数的返回值
```

（3）可选参数

在TypeScript函数里，如果定义了参数，则调用函数时必须传入指定类型的参数，除非将这些参数设置为可选。可选参数使用问号（?）标识，可选参数必须跟在必需参数后面，示例代码如下。

```
1. function test(x: string, y?: number)    //声明一个有可选参数的函数
2. {
3.     //要执行的代码
4. }
5. test("hi");                              //调用函数，正确
```

（4）默认参数

当定义了有参数的函数，但是在调用函数的时候不想传入该参数的值，则使用默认参数，示例代码如下。

```
1. function test(x: string, y: number=200)  //声明一个有默认值参数的函数
2. {
3.     console.log(x+" "+y);
4. }
5. test("hi");                              //调用函数，正确，y的值为200
```

> 注意
>
> 同一个参数不能同时设置为可选和默认。

（5）匿名函数

匿名函数是没有函数名的函数，在程序运行时动态声明，除了没有函数名外，其他与普通函数一样。可以将匿名函数赋值给一个变量，这种表达式就是匿名函数表达式；在匿名函数后使用()，表示匿名函数的自调用，示例代码如下。

```
1. let res=function(a: number,b: number){     //定义一个带参数的匿名函数
2.     return a+b;
3. }
4. console.log(res(4,5)+"");                   //调用函数，输出：9
5. (function(){
6.     console.log("我是自调用函数");
7. })()                                        //匿名函数的自调用，输出：我是自调用函数
```

（6）箭头函数（lambda函数）

匿名函数事实上是函数表达式的等号右边部分的函数，通常所说的lambda表达式，就是匿名函数表达式，也称箭头函数。箭头函数在TypeScript中的应用广泛，箭头函数其实是匿名函数表达式的更简短写法，示例代码如下。

```
1. //箭头函数：省略function关键字和函数名，使用=>
2. let res1=(x:number,y: number)=>{
3.     let a=x+y;
4.     console.log(a+"");
5. }
6. //定义有返回值的箭头函数，并且函数中有多行执行语句
7. let res2=(x:number,y: number): string=>{
8.     let a=x+y;
9.     console.log(a+"");
10.    return "ok"
11. }
12. //当函数的执行部分只有一行语句时，{}可以省略
13. let res3=(x:number,y: number)=>x+y
14. //当函数只有1个参数时，()可以省略
15. let res4=x=>x+100;
16. //当函数无参时，可以使用空括号
17. let res5=()=> 100;
```

箭头函数在HarmonyOS的应用开发中是必备的，在很多接口的定义中都使用了箭头函数，读者需重点掌握箭头函数的用法。

（7）函数的声明

函数声明可以限定函数的名称、参数类型和个数、函数的返回值等，示例代码如下。

```
1. //声明函数myFun()，有两个参数，返回值类型为string，声明时同时赋值
2. let myFun:(x:number,y:string)=>string=function(a:number,b:string){return b}
3. let myFun2:(x:number,y:string)=>string=(a:number,b:string)=>{return b}
4. //按声明的myFun()函数格式定义函数myFun()
5. myFun=(a:number,b:string)=>{return b}
```

```
6. //调用函数myFun()
7. myFun(100,'pkr')
```

2. TypeScript中的面向对象

TypeScript中面向对象的相关概念与Java一样，说明如下。

扫码观看视频

- 类(Class)：定义了一件事物的抽象特点，包含它的属性和方法。
- 对象(Object)：类的实例，通过new生成。
- 面向对象(OOP)的三大特性：封装、继承、多态。
- 封装(Encapsulation)：将对数据的操作细节隐藏起来，只暴露对外的接口，外界调用者不需要（也不可能）知道细节就能通过对外提供的接口来访问该对象，同时也保证了外界无法任意更改对象内部的数据。
- 继承(Inheritance)：子类继承父类，子类除了拥有父类的所有特性外，还有一些更具体的特性。
- 存取器(Getter & Setter)：用来改变属性的读取和赋值方法。
- 修饰符(Motifiers)：修饰符是一些关键字，用于限定成员或类型的性质。例如，public表示公有属性，private表示私有属性。
- 抽象类(Abstract Class)：抽象类是供其他类继承的基类，抽象类不允许被实例化。抽象类中的抽象方法必须在子类中被重写。
- 接口(Interfaces)：不同类之间公有的属性或方法可以抽象成一个接口。接口可以被类实现(Implements)，一个类只能继承自另一个类，但是可以实现多个接口。
- 多态(Polymorphism)：指由继承而产生了相关的不同的类，对同一个方法可以有不同的响应。

3. TypeScript中类的定义和对象的使用

TypeScript支持面向对象的所有特性，在TypeScript中使用类描述了所创建对象的共同属性和方法。

（1）定义类

定义类的关键字是class，类中可以有属性和方法，属性可以定义时初始化，也可以通过构造方法初始化，示例代码如下。

```
1. class Animal {
2.     private name: string='小动物';        //属性，可以定义时初始化
3.     private age: number;
4.     //通过构造方法给属性做初始化
5.     public constructor(name: string, age: number) {
6.         this.name=name;
7.         this.age=age;
8.     }
9.     public getName()                      //获取属性name的值
10.    {
11.        return this.name;
```

```
12.     }
13.     public setName(name: string)        //设置属性name的值
14.     {
15.         this.name=name;
16.     }
17.     //age的get()和set()方法省略
18.     //普通方法
19.     public info(): string {
20.         return "Animal info() is running...";
21.     }
22. }
```

（2）创建对象

创建类的实例化对象的关键字是new，示例代码如下。

```
1. let animal :Animal=new Animal("小猫",2);
2. console.log(animal.getName());          //小猫
```

（3）子类继承自父类

类的继承用关键字extends。子类继承自父类后，可以重写从父类继承下来的方法，也可以新增方法，示例代码如下。

```
1. class Cat extends Animal{
2.     //增加子类的方法略
3.     //重写父类的info()方法
4.     info(): string {
5.         return "abc cat info.....";
6.     }
7. }
```

（4）多态

多态是有前提的，在子类继承父类并重写父类的方法后，使用父类引用指向子类的对象，访问的是子类经过重写的方法，从而呈现子类的状态，示例代码如下。

```
1. let animal2:Animal=new Cat("大猫",3);
2. console.log(animal2.info());            //访问的是Cat类经过重写的方法info()
```

4. TypeScript中接口的声明和使用

接口是特殊的类，使用interface表示。接口可用来限定属性和规定标准行为。

（1）声明接口

声明接口时，属性不能被初始化。行为是没有方法体的抽象方法，接口中的属性和方法默认都是public类型。接口声明的代码如下。

```
1. interface IAnimal {
2.     name: string;                       //定义接口的一个属性，不能初始化
3.     //sayHi是函数名，该函数没有参数，返回值类型为string
4.     sayHi: ()=> string;                 //定义接口的抽象方法，不能有方法体
5. }
```

（2）实现接口

接口声明后可以由具体的类实现（Implements）接口中定义的方法及给属性赋值，示例代码如下。

```
1. class Pig implements IAnimal {
2.     name: string='小猪'              //可以初始化
3.     sayHi(): string {                //实现接口的方法
4.         return 'Hi,${this.name}';
5.     }
6. }
```

（3）接口多态

当接口的实现类实现了接口中的方法后，接口的引用指向实现类的对象，访问的是实现类的方法，从而呈现多种状态，示例代码如下。

```
1. let animal: IAnimal=new Pig();       //接口的引用指向实现类的对象
2. console.log(animal.sayHi());         //Hi,小猪
```

任务实施

本任务在新创建的Project1_Task3项目中进行，在ets目录下创建study_ts目录，再在study_ts目录下创建.ts文件，编写代码，练习函数的定义与调用、类的创建和使用、接口的声明和使用。

由于函数、类、接口的使用对初学者来说比较复杂，但又是后面ArkTS开发的必备基础，所以读者需要勤奋练习，目前要求能读懂相关代码即可。读者可以按代码中的顺序编写一小部分代码，编译、运行并查看结果后，再练习下一小部分代码。

1. 定义与调用函数

在新创建的test_fun.ts中练习函数的定义与调用，示例代码如下。

```
1. //1.定义函数，该函数的返回值类型为number
2. function test1(): number{
3.     return 123
4. }
5. let res1 :number=test1();
6. console.log("res1="+res1);
7. //2.定义函数，该函数没有返回值
8. function test2(): void{
9.     console.log("本函数没有返回值")
10.    //return "hi"                    //编译报错
11. }
12. test2();
13. //3.通过函数练习undefined null
14. console.log("****** 3 ******")
15. let res2=test2();                   //不会报错，调用了函数，输出：本函数没有返回值
```

```
16. //test2()函数没有返回值,因此res2没有初始化,是一个未定义的值
17. console.log("res2="+res2)                    //undefined
18. console.log("第1次 res2==null: "+(res2==null));  //true
19. //console.log(test2())                       //编译报错:函数没有返回值
20. res2=null;                                   //空对象
21. if(res2==null)
22. {
23.     console.log("第2次 res2==null: "+res2)   //null
24.     console.log("res2的类型是: "+typeof res2 )  //object
25. }
26.
27. console.log("****** 4 ******")
28. //4.定义函数,该函数的返回值未指明类型或void,此时函数的返回值类型依情况而定
29. function test3(){
30.     console.log("本函数的返回值类型依情况而定")
31.     return "hello"                           //返回一个string类型的值
32. }
33. let res3=test3();                            //调用函数,并用res3接收函数的返回值
34. console.log(typeof res3);                    //res3的类型是:string
35. let res3_1=test3;                            //res3_1指向test3()函数
36. console.log(typeof res3_1);                  //res3_1的类型是:function
37. console.log("****** 5 ******")
38. //5.定义一个函数,有一个字符串类型的参数
39. function test4(msg: string)
40. {
41.     console.log(msg)
42. }
43. test4("hi");                                 //调用函数,传入一个字符串参数
44. console.log("****** 6 ******")
45. //6.定义一个函数,有两个参数
46. function test5(msg: string,data: number)
47. {
48.     console.log(msg+" "+data)
49. }
50. test5("hi",777);                             //调用函数,传入字符串参数和数字参数
51. //test5(45,777);
52. console.log("****** 7 ******")
53. //7.定义一个有可选参数的函数
54. function test6(x: string, y?: number)
55. {
56.     //要执行的代码
57. }
58. test6("hi",123);                             //调用函数,正确
```

```
59. test6("hi");                                    //调用函数，正确
60. //test6("hi",123, "hi");                        //调用函数，错误，参数太多
61. console.log("****** 8 ******")
62. //8.定义一个有默认值参数的函数
63. function test7(x: string, y: number=200)
64. {
65.     console.log(x+" "+y);
66. }
67. test7("hi",123);                                //调用函数，正确，输出：hi 123
68. test7("hi");                                    //调用函数，正确，输出：hi 200
69. console.log("****** 9 ******")
70. //9.定义一个带参数的匿名函数
71. let res9=function(a: number,b: number){
72.     return a+b;
73. }
74. console.log(res9(4,5)+"");                      //调用匿名函数，输出：9
75. console.log("****** 10 ******");
76. //10.匿名函数的自调用
77. (function(){
78.     console.log("我是自调用函数");
79. })()
80. console.log("****** 11 ******");
81. //11.定义一个匿名函数，省略函数名，并赋值给一个变量，成为匿名函数表达式
82. let res11=function(x: number,y: number) {
83.     let a=x+y;
84.     console.log(a+"");
85. };
86. console.log("****** 12 ******");
87. //12.将上述函数改写成箭头函数：省略function关键字和函数名，使用=>
88. let res12=(x:number,y: number)=>{
89.     let a=x+y;
90.     console.log(a+" " );
91. }
92. res12(3,4);
93. console.log("****** 13 ******");
94. //13.定义有返回值的箭头函数，并且函数中有多行执行语句
95. let res13=(x:number,y: number): string=>{
96.     let a=x+y;
97.     console.log(a+"");
98.     return "ok"
99. }
100. console.log("****** 14 ******");
101. //14.当函数的执行部分只有一行语句时，{}可以省略
```

```
102. let res14=(x:number,y: number)=>x+y
103. console.log(res14+"");                          //输出：function (x, y) { return x + y; }
104. console.log(res14(2,4)+"");                     //调用函数res14()并输出结果：6
105. //15.当函数只有1个参数，()可以省略
106. let res15=x=>x+100;
107. console.log(res15+"");                          //输出：function (x) { return x + 100; }
108. console.log(res15(3)+"");                       //调用函数res15()并输出结果：103
109. //16.当函数无参时，可以使用空括号：
110. let res16=()=> 100;
111. console.log(res16+"");                          //输出：function () { return 100; }
112. console.log(res16()+"");                        //调用函数res16()并输出结果：100
```

2. 类的使用

在新创建的test_class.ts文件中编写代码，练习类的定义、对象的创建、类的继承、方法的重写、多态等的使用，示例代码如下。

```
1. //1.定义类
2. class Animal {
3.     private name: string='小动物';                //定义属性name并初始化值
4.     private age: number;
5.     //通过构造方法给属性做初始化
6.     public constructor(name: string, age: number) {
7.         this.name=name;
8.         this.age=age;
9.     }
10.    public getName()                              //获取属性name的值
11.    {
12.        return this.name;
13.    }
14.    setName(name: string)                         //设置属性name的值，默认方法是public
15.    {
16.        this.name=name;
17.    }
18.    //age的get()和set()方法省略
19.    //普通方法
20.    info(): void {
21.        console.log("运行Animal info()...");
22.    }
23. }
24. //2.创建一个Animal对象，访问Animal类的属性和方法
25. let animal :Animal=new Animal("小动物2",2);
26. console.log(animal.getName());                   //小动物2
27. animal.info();                                   //运行animal info()...
```

```
28. //3.定义Cat继承自Animal类，新增run()方法，重写 info()方法
29. class Cat extends Animal{
30.     run(){                              //增加子类的方法
31.         console.log("Cat run() ...");
32.     }
33.     info(): void {
34.         console.log("运行Cat info()...");
35.     }
36. }
37. //4.定义Dog继承自Animal类，重写info()方法
38. class Dog extends Animal{
39.     info(): void{
40.         console.log("运行Dog info()...");
41.     }
42. }
43. //5.创建Cat类对象，访问Cat类自己的方法
44. let cat=new Cat("小猫",3);
45. cat.run();                              //cat run() ...
46. cat.info();                             //运行cat info()...
47. //6.多态
48. animal=cat;                             //父类引用指向Cat子类的对象
49. animal.info();                          //访问的是Cat类经过重写的方法info()：运行cat info()...
50. //animal.run();                         //编译报错，父类没有这个方法，不能调用
51. let animal2:Animal=new Dog("大狗",4);    //父类引用指向Dog子类的对象
52. animal2.info();                         //访问的是Dog类经过重写的方法info()：运行dog info()...
```

3. 接口的使用

在新创建的test_interface.ts文件中编写代码，练习接口的声明、实现和接口多态的使用，示例代码如下。

```
1. //1.声明接口
2. interface IAnimal {
3.     name: string;                       //声明属性name，不能初始化值
4.     //声明抽象方法sayHi，该方法不能有方法体。sayHi方法没有参数，返回值类型为string
5.     sayHi: ()=> string;
6. }
7. //2.实现接口，并以对象的形式直接创建一个接口的实例
8. var dog: IAnimal={
9.     name: "旺旺",                        //必须设置属性值
10.    sayHi: ()=> {                       //必须实现接口中声明的抽象方法
11.        return "Hi," + dog.name;
12.    }
```

```
13. }
14. console.log(dog.name);                    //旺旺
15. console.log(dog.sayHi());                 //Hi,旺旺
16. //3.定义Bird类，实现接口IAnimal
17. class Bird implements IAnimal{
18.     name: string
19.     constructor(name: string) {            //通过构造方法对属性初始化
20.         this.name=name;
21.     }
22.     sayHi() :string{                       //实现接口的方法
23.         return `Hi,${this.name}`;
24.     }
25.     jump(){console.log("jump is running...")}  //本类新增方法
26. }
27. //4.定义Pig类，实现接口IAnimal
28. class Pig implements IAnimal {
29.     name: string='小猪'                    //初始化
30.     sayHi() :string{
31.         return `Hi,${this.name}`;          //实现接口的方法
32.     }
33. }
34. //5.接口多态
35. let animal: IAnimal=new Bird("喜鹊");      //接口的引用指向Bird实现类的对象
36. console.log(animal.sayHi());               //Hi,喜鹊
37. animal=new Pig();                          //接口的引用指向Pig实现类的对象
38. console.log(animal.sayHi());               //Hi,小猪
```

任务小结

本任务讲解了各种形式的函数的定义与使用、类和对象、接口的使用。**TypeScript**在面向对象的特性上与Java面向对象语言的使用基本一致，读者需关注函数、类、接口的不同用法，多读、多写、多练，做到熟能生巧。

这里使用到的类与接口，代码有一定的复杂性，建议读者多阅读源码，进行跟踪学习。

单元 2
ArkTS 声明式开发

情境导入

　　ArkTS声明式开发范式采用基于TypeScript开发语言进行声明式UI语法拓展而来的ArkTS语言，从组件、动画和状态管理3个维度提供了UI绘制能力。

　　本单元采用任务式的方式将不同的组件进行组合，再配合状态管理和动画，完成App中常见的UI设计开发。

　　本单元先从ArkTS工程的目录结构讲起，讲解常用的ArkTS组件的基本使用，包括水平布局组件（Row）、垂直布局组件（Column）、弹性布局组件（Flex）、层叠布局组件（Stack）、文本显示组件（Text）、按钮组件（Button）、图片组件（Image）、进度条组件（Progress）、开关组件（Toggle）、自定义对话框（CustomDialog）、列表（List）、滑动容器（Swiper）、页签组件（Tabs）、网格组件（Grid）、可滚动容器组件（Scroll）和路由容器组件（Navigator）等。了解完这些组件的基础使用，再配合UI设计的规范，读者将能开发出符合用户体验和满意的App用户界面。

HarmonyOS 应用开发基础

任务1 认识ArkTS工程

任务描述

本任务先介绍ArkTS工程的目录结构，读者应学会管理资源和文件，并完成HarmonyOS应用的资源访问，设置指定的页面为应用运行的首页。

学习目标

知识目标

- 了解ArkTS工程目录结构；
- 了解ArkTS工程的配置文件；
- 了解ArkTS工程的资源管理；
- 了解ArkTS工程的文件访问。

能力目标

- 能理解ArkTS工程的目录结构；
- 能创建和使用资源文件；
- 能设置应用运行的首页；
- 能解决资源使用过程中的错误。

素质目标

- 能够认识到信息的重要性，对信息有敏感性和洞察力，能够主动地获取、分析、处理、应用和评价；
- 培养谦虚、好学、勤于思考、认真做事的良好习惯；
- 培养正确的编程思路；
- 培养团队协作能力：相互沟通、互相帮助、共同学习、共同达到目标；
- 提升自我展示能力：讲述、说明、表述和回答问题；
- 培养可持续发展能力：利用书籍或网络上的资料帮助解决实际问题。

知识储备

1. ArkTS工程目录结构

扫码观看视频　扫码观看视频

在开发HarmonyOS应用时，一个HarmonyOS应用通常包含一个或者多个Module（模块）。Module是HarmonyOS应用/服务的基本功能单元，包含了源代码、资源文件、第三方库及应用/服务配置文件。每一个Module都可以独立进行编译和运行。Module分为"Ability"和"Library"两种类型，"Ability"类型的Module对应编译后的HAP（Harmony Ability Package）；"Library"类型的Module对应HAR（Harmony Ability Resources）包，即编译后的.tgz文件。每个HarmonyOS应用都可以包含多个.hap文件，一个应用中的.hap文件合在一起称为一个Bundle，而bundleName就是应用的唯一标识。

默认创建的ArkTS工程，其包结构及文件目录主要分为AppScope应用级和entry模块级两部分，开发中常使用的目录及文件说明如图2-1所示。

图2-1　ArkTS工程开发中常使用的目录及文件说明

2. ArkTS工程的配置文件

配置文件采用JSON文件格式，每个配置项都由属性和值两部分构成。

创建工程时，默认选择的Stage模型（一种应用开发模型）下的配置文件由app和module这两个部分组成，缺一不可。

app.json5是应用的配置文件，配置的是整个应用的属性，可影响应用中的所有HAP及组件，部分属性说明如图2-2所示。

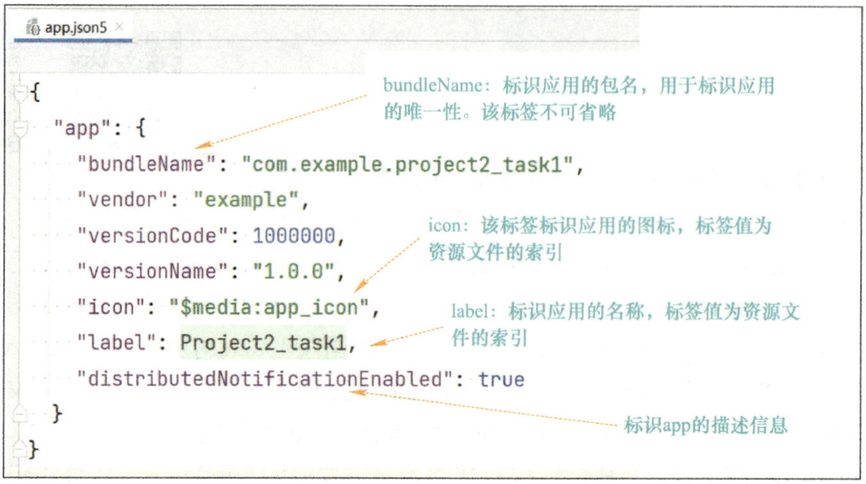

```
app.json5
{
  "app": {
    "bundleName": "com.example.project2_task1",
    "vendor": "example",
    "versionCode": 1000000,
    "versionName": "1.0.0",
    "icon": "$media:app_icon",
    "label": "Project2_task1",
    "distributedNotificationEnabled": true
  }
}
```

- bundleName：标识应用的包名，用于标识应用的唯一性。该标签不可省略
- icon：该标签标识应用的图标，标签值为资源文件的索引
- label：标识应用的名称，标签值为资源文件的索引
- 标识app的描述信息

图2-2　app.json5配置文件的部分属性说明

module.json5是当前module（HAP包）和组件的信息，可以指定入口UIAbility的信息（UIAbility是一种包含UI的应用组件，主要用于和用户交互文件名）。该标签下的配置只对当前module生效，部分属性说明如图2-3所示。

```
module.json5
{
  "module": {
    "name": "entry",
    "type": "entry",
    "description": "module description",
    "mainElement": "EntryAbility",
    "deviceTypes": [
      "phone"
    ],
    "deliveryWithInstall": true,
    "installationFree": false,
    "pages": "$profile:main_pages",
    "abilities": [
      {
        "name": "EntryAbility",
        "srcEntrance": "./ets/entryability/EntryAbility.ts",
        "description": "description",
        "icon": "$media:icon",
        "label": label,
```

- name：当前module的名字
- type：标识当前HAP包的类型
- deviceTypes：标识HAP包可以运行在哪类设备上
- pages：页面的配置信息
- name：标识HAP包所对应的入口UIAbility的名称
- srcEntrance：UIAbility组件的代码路径
- description：UIAbility组件的描述信息
- icon和label：UIAbility组件的图标和名称

图2-3　module.json5配置文件的部分属性说明

在开发过程中，因为各种需求不同，所以会在相关的配置文件中添加不同的配置项。更多的配置项的含义请到官网进行查阅。

3. ArkTS工程的资源管理

HarmonyOS应用开发常用到的资源（比如字符串、图片、音频、视频等）都统一放在resources目录下的base和rawfile子目录中，便于开发者使用和维护。

HarmonyOS资源分为两类，一类是应用资源，另一类是系统资源。

Resource是资源引用类型，用于设置组件属性的值。可以通过$r或者$rawfile创建Resource类型对象，Resource资源的使用说明如图2-4所示。

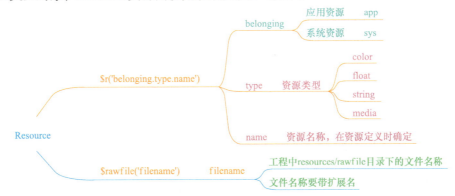

图2-4 Resource资源的使用说明

使用应用级别的资源，比如颜色和字符串资源，使用方式如图2-5所示。

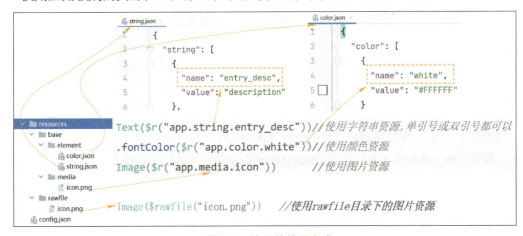

图2-5 资源的使用方式

使用系统资源时，使用$r("sys.type.name")的形式，包含颜色、圆角、字体、间距、字符串及图片等，示例代码如下。

```
1. Text("Hello")
2.     .fontColor($r("sys.color.ohos_id_color_emphasize"))
```

resources目录下除了有base目录，还有开发者自行创建的限定词目录。限定词目录由一个或多个表征应用场景或设备特征的限定词组合而成，含MCC（移动国家码）和MNC（移动网络码）、语言、文字、国家或地区、横竖屏、设备类型、颜色模式和屏幕密度等。App运行时，优先从限定词目录寻找与当前设备状态匹配的资源，找不到合适的资源才会使用base目录中的资源。

4. ArkTS工程的文件访问

访问ArkTS工程中的文件，有以下两种方式。

- 根路径：工程的根路径是ets目录，访问pages下的Index.ets文件时可直接用pages/Index.ets，注意不能用/pages/Index.ets。
- 相对路径：../pages/xx代表上一级目录pages下的文件xx，./pages/yy代表当前目录pages下的文件yy。

任务实施

本任务完成HarmonyOS应用的资源访问，并设置指定的页面为应用运行的首页。

1. 使用字符串资源

新建Project2_Task1工程，打开resources→base→element→string.json文件，在"string": []数组内添加两个字符串资源，示例代码如下。

```
1. {
2.   "string": [
3.     //在这里添加字符串资源
4.     {
5.       "name": "hello_harmonyos",
6.       "value": "你好，鸿蒙"
7.     },
8.     {
9.       "name": "hello_arkts",
10.      "value": "你好，ArkTS"
11.    },
12.  …
```

当添加了上述字符串资源后，IDE出现了图2-6所示的出错提示，原因是由于国际化的要求，需要在en_US和zh_CN目录下的string.json文件中有同名的字符串资源。

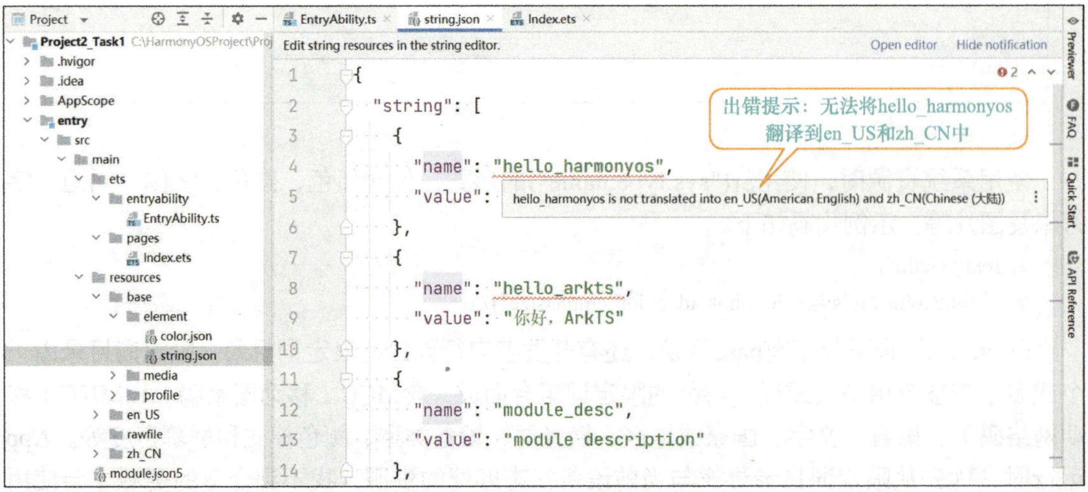

图2-6　添加字符串资源后的出错提示

解决该错误的第一种方式：可以在en_US和zh_CN目录下的string.json文件中添加同名的字符串资源，如图2-7所示。

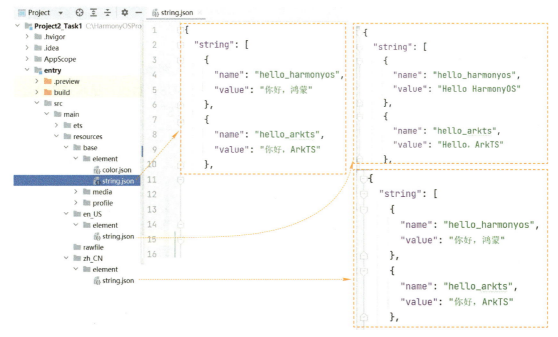

图2-7　在en_US和zh_CN目录下的string.json文件中添加同名的字符串资源

解决该错误的第二种方式：直接将en_US和zh_CN目录删除即可，当需要国际化要求时，再处理这两个目录中的字符串资源。

要使用上面创建好的字符串资源，可以使用Resource类型。打开pages→Index.ets文件，修改变量message的值，使用name为hello_harmonyos的字符串资源；当单击Text组件时，在添加的事件处理方法onClick()中，使用name为hello_arkts的字符串资源修改Text组件显示的文字，示例代码如下。

```
1.  @Entry
2.  @Component
3.  struct Index {
4.    @State message: Resource =$r("app.string.hello_harmonyos")     //修改点1
5.
6.    build() {
7.      Row() {
8.        Column() {
9.          Text(this.message)                  //将变量message的值作为显示的文字内容
10.            .fontSize(50)                    //文字大小为50
11.            .fontWeight(FontWeight.Bold)     //文字加粗
12.            .onClick(()=>{                   //修改点2
13.              this.message =$r("app.string.hello_arkts")
14.            })
15.        }
```

```
16.         .width('100%')
17.     }
18.         .height('100%')
19.     }
20. }
```

预览应用，修改语言环境为zh-CN，页面上显示"你好，鸿蒙"；当单击Text组件后，页面显示变成"你好，ArkTS"。再次将语言环境改为en-US，页面上显示"Hello，HarmonyOS"；当单击Text组件后，页面显示变成"Hello，ArkTS"，如图2-8所示。

图2-8 使用字符串资源的效果

2. 使用颜色资源

打开resources→base→element→color.json文件，添加name为red的颜色资源，操作如图2-9所示。

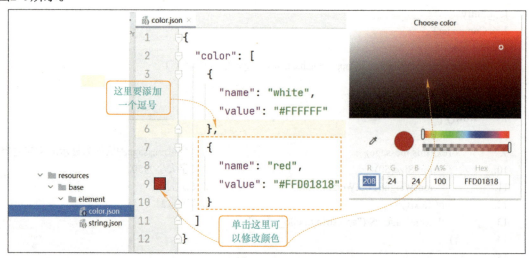

图2-9 添加颜色资源的操作

在Index.ets文件中添加一行代码，设置文字显示的颜色，使用颜色资源来设置，示例代码如下。

1. Text(this.message)
2.   .fontSize(50)
3.   .fontColor($r("app.color.red"))   //添加这行代码，使用颜色资源
4.   .fontWeight(FontWeight.Bold)

代码添加完后，按<Ctrl+S>组合键保存代码，预览应用，应该能看到"你好，鸿蒙"的文字颜色改成了红色。

3. 调整应用运行的首页

项目创建时默认创建了Index.ets页面，HarmonyOS的应用通常需要在不同的页面中进行UI设计，在pages目录下新建页面，命名为Index1，创建和查看新建页面的过程如图2-10所示。

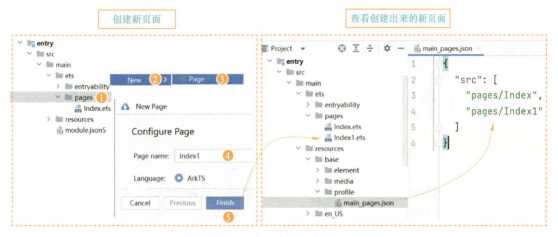

图2-10　创建和查看新建页面的过程

如图2-10所示，创建好的新页面会在resources→base→profile→main_pages.json文件中自动注册页面路径，在src[]数组中配置过页面路径后，当使用路由进行页面跳转时才能跳转，否则会报错。

预览应用时，只要打开pages下的某个页面，该页面有@Entry修饰的组件，即可实时查看UI效果。

运行应用时，如果要使应用启动后先执行某个指定的页面，则需要修改应用启动的入口文件EntryAbility.ts。

打开entryability目录下的EntryAbility.ts入口文件，找到windowStage.loadContent()方法，将该方法的第一个参数改为"pages/Index1"，如图2-11所示。

经过修改后，当应用运行起来时，就会先加载Index1页面。读者可以自行修改Index.ets和Index1.ets中的显示内容，然后分别修改应用运行的首页，用模拟器进行测试并验证。

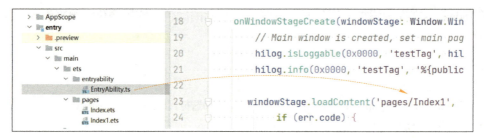

图2-11 调整应用运行的首页

> 任务小结

本任务主要介绍了ArkTS的项目结构、配置文件、资源管理等，并使用资源管理进行了应用的文字和颜色适配，实现了应用运行首页的修改。

rawfile目录下的文件使用，将在后续任务中进行讲解，读者也可以先尝试参考字符串和颜色资源的相关用法，进行rawfile目录下资源的使用。

任务2 认识ArkTS声明式开发

> 任务描述

本任务从ArkTS声明式UI的页面描述、语法糖讲起，读者可学习如何使用ArkTS语法调用和配置组件属性，并通过@State状态变量感受ArkTS的状态管理等。

> 学习目标

知识目标

- 了解ArkTS语法；
- 了解ArkUI框架；
- 了解ArkTS声明式开发范式的UI页面描述；
- 了解ArkTS中的尺寸单位；
- 了解ArkTS中组件的公共样式。

能力目标

- 能编写基于ArkTS声明式开发范式的UI描述页面；

- 能使用链式方式调用并配置组件的属性；
- 能使用@State状态变量；
- 能跟踪源代码进行组件的参数和属性样式的查阅。

素质目标

遵循规范化的代码编写习惯，包括变量命名、注释格式、函数间的空行数字等，以提高代码的可读性和可维护性。

知识储备

1. ArkTS语法

扫码观看视频

ArkTS是鸿蒙生态应用的开发语言，它遵循TypeScript语法，并在TypeScript的基础上进行了扩展。ArkUI提供了简洁、高效的声明式开发范式。ArkTS定义了各种装饰器、自定义组件和UI描述机制，再配合UI框架中的UI内置组件、事件方法、属性方法等，共同构成了应用开发的主体，统一了鸿蒙生态应用的开发范式。

ArkTS的语法糖使用了装饰器和"."链式调用，可描述组件及配置组件的属性和事件等，ArkTS语法说明如图2-12所示。

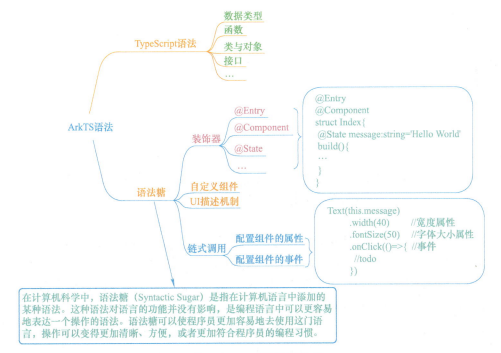

图2-12 ArkTS语法说明

在应用开发中，除了UI的结构化描述之外，还有一个重要的方面，就是状态管理。ArkTS的状态管理由ArkUI框架提供，当与UI相关联的数据发生了变化，状态管理就会驱动

UI更新，并且数据可以在不同的组件间传递。

2. ArkUI框架

ArkUI（方舟开发框架）是鸿蒙自研的一套新的应用界面的UI开发框架，它提供了极简的UI语法和UI开发基础设施，以方便应用开发者开发可视化的界面。

ArkUI基于ArkTS的UI框架，基于ArkTS提供的扩展语法。ArkUI框架中提供了多维度的状态管理机制。

ArkUI提供了两种UI开发范式，以降低不同技术栈的开发效率与难易程度。方舟编译器和运行时框架提升了应用运行的性能。同时，ArkUI还针对设备的差异性进行了适配。ArkUI框架开发出来的应用有更丰富的视觉、更快的响应和更流畅的体验。ArkUI框架的主要组成结构如图2-13所示。

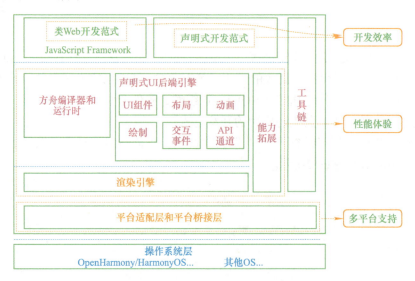

图2-13　ArkUI框架的主要组成结构

3. ArkTS声明式开发范式的UI页面描述

声明式开发范式的核心思想是数据驱动UI变化，通过提供的状态进行数据管理。这里的状态管理指的是，管理数据发生变化时，UI组件更新的范围一般有组件级和应用级的UI更新范围。

在声明式开发范式中，一切UI显示的内容都是组件，App页面的构成元素是组件。由框架直接提供的称为内置组件，由开发者定义的称为自定义组件。组件可组合、可重用，组件有生命周期回调方法，组件由所绑定的状态变量的数据驱动，实现UI自动更新。一个声明式UI页面的基本描述如图2-14所示。

在声明式UI描述中，必须有一个build()方法，所有的组件都要写在build()内。一个页面由很多组件构成，组件可以复用，也可以组合。

在UI描述中定义的状态变量，在使用时用"this.状态变量名"进行引用，因此，Text(this.message)中引用了message的值"Hello World"，当页面被加载时，显示出来了"Hello World"。

默认创建的ArkTS工程中，是没有图2-14中的第13～15行的事件方法的，只是为了说明页面构成，新添加的这部分代码请读者知悉。

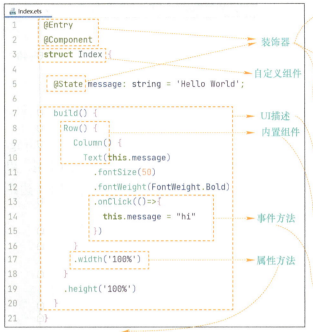

图2-14 声明式UI页面的基本描述

4. ArkTS中的尺寸单位

ArkTS提供了4种像素单位，分别是px、vp、fp和lpx。在组件中用Length长度类型来描述尺寸单位，尺寸单位的说明如图2-15所示。

图2-15 尺寸单位的说明

5. ArkTS中组件的公共样式

ArkTS中的基础组件直接或者间接地继承自CommonMethod类。CommonMethod类中定义的属性样式属于公共样式。

尺寸就是每个组件都有的公共样式，尺寸可以设置宽高（width/height）、宽高比（aspectRatio）、边距（padding/margin）、权重（layoutWeight）等。

设置组件的宽高属性，示例代码如下。

```
1. Column({ space: 40 }) {              //设置Column垂直布局容器内的子组件间的间隔为40
2.   Text('你好').width(100).height(120)
3.     .fontSize("50px")                //设置Text文字显示组件的字体大小为50px
4. }.width('100%')                      //设置Column的宽为100%，占满屏幕宽度
```

组件的内外边距也是常用的公共属性。组件的内边距/外边距设置，类型为padding/margin。padding是内边距类型，用于描述组件不同方向的内边距；margin是外边距类型，用于描述组件不同方向的外边距。内边距使用时通过.padding({方向:值})的方式设定；外边距使用时通过.margin({方向:值})的方式设定，如图2-16所示。

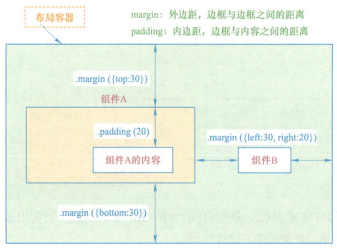

图2-16 设置组件的边距

设置组件的内外边距，示例代码如下。

```
1. Text()… .margin({bottom:30})         //设置底部外边距，底部距离下一个组件30
2. Text()…
3. //.padding(20)                       //设置相同的边距值
4. .padding({left: 20, top: 30, right: 40, bottom: 50})  //设置不同的边距值
```

有关更多组件的公共样式，需要时可查阅CommonMethod类的源码进行学习和使用。

任务实施

本任务实现使用ArkTS语法调用和配置组件属性，并使用@State状态变量让读者感受ArkTS的状态管理等，任务的效果如图2-17所示。

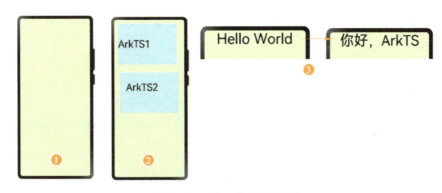

图2-17 项目2任务2的效果

1. 用声明式语法编写页面

新建工程Project2_Task2，在工程的page目录下的页面文件Index.ets中默认使用了声明式语法糖中的一些装饰器，并使用了链式调用的方式设置了一些组件的属性。

修改Index.ets中的代码，在build()中添加垂直方向的布局容器Column；设置Column参数为{space:40}，表示设置垂直方向上的组件间的间隔为40；通过链式方式调用方法设置Column组件的宽、高和背景属性，代码如下。

```
1. @Entry                              //@Entry表示是页面入口组件
2. @Component                          //组件
3. struct Index {                      //组件名为Index
4.   build() {                         //在build()中构建页面UI
5.     Column({ space: 40 }) {         //垂直方向的布局容器组件Column
6.                                     //在这里添加其他组件
7.     }
8.     .width('100%')                  //设置Column的宽度属性，占满屏幕宽度
9.     .height('100%')                 //设置Column的高度属性，占满屏幕高度
10.    .backgroundColor('#ffecf5ca')   //设置Column的背景颜色
11.   }
12. }
```

添加完相关的代码后，预览应用，发现整个屏幕铺满设置的背景色，如图2-17中的编号①所示。这里，Column组件的参数和属性为什么可以这样设置？要得到答案，可以跟踪声明文件及源码来查看。

2. 跟踪组件的声明文件

上述代码中使用到了Column({space:40})，这个space是什么呢？当碰到一个新组件时，不知道这个组件的用途、参数和属性，就可以跟踪组件的源码进行查看。每个组件都有对应的.d.ts声明文件，声明文件中有组件的详细英文使用说明。这里以声明文件中的结构为例来说明每部分的含义。Column组件的源码说明如图2-18所示。

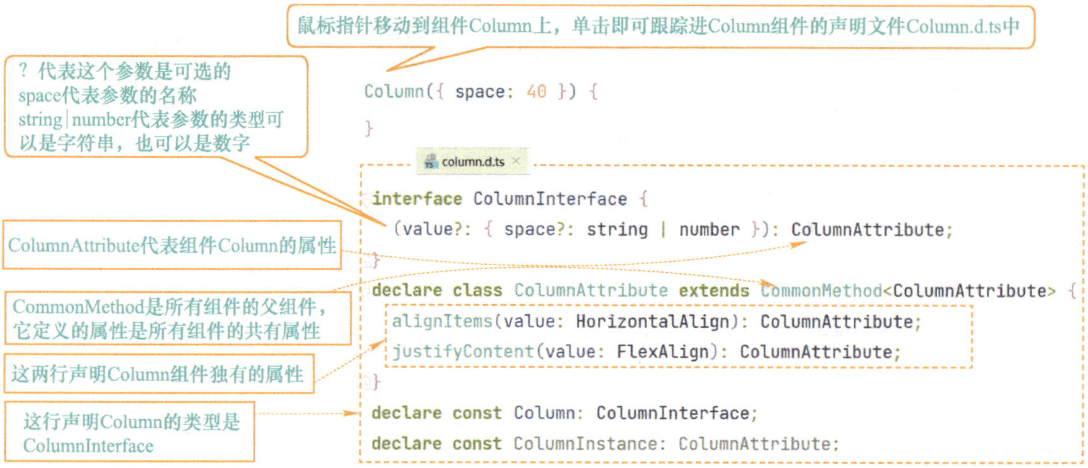

```
? 代表这个参数是可选的
space代表参数的名称                    鼠标指针移动到组件Column上，单击即可跟踪进Column组件的声明文件Column.d.ts中
string|number代表参数的类型可
以是字符串，也可以是数字              Column({ space: 40 }) {
                                      }

                                          column.d.ts

ColumnAttribute代表组件Column的属性    interface ColumnInterface {
                                          (value?: { space?: string | number }): ColumnAttribute;
                                      }
CommonMethod是所有组件的父组件，
它定义的属性是所有组件的共有属性       declare class ColumnAttribute extends CommonMethod<ColumnAttribute> {
                                          alignItems(value: HorizontalAlign): ColumnAttribute;
这两行声明Column组件独有的属性         justifyContent(value: FlexAlign): ColumnAttribute;
                                      }
这行声明Column的类型是
ColumnInterface                        declare const Column: ColumnInterface;
                                       declare const ColumnInstance: ColumnAttribute;
```

图2-18　Column组件的源码说明

3. 查阅组件的公共属性源码

鼠标指针移到CommonMethod上，单击进入CommonMethod类的源码，部分示例代码如下。

```
1.  declare class CommonMethod<T> {                              //T是指CommonMethod的所有子类
2.      width(value: Length): T;                                 //宽
3.      height(value: Length): T;                                //高
4.      size(value: SizeOptions): T;                             //大小
5.      layoutWeight(value: number | string): T;                 //权重
6.      padding(value: Padding | Length): T;                     //内边距
7.      margin(value: Margin | Length): T;                       //外边距
8.      backgroundColor(value: ResourceColor): T;                //背景颜色
9.      border(value: BorderOptions): T;                         //边框
10.     onClick(event: (event?: ClickEvent) => void): T;         //单击事件
11.     //其他公共属性略
12. }
```

代码跟踪到这里，读者应该明白了Column组件的代码为什么是这样编写的了。按照上述公共组件的属性解释，请读者自行修改代码，给Column组件设置更多的属性，并预览应用，进行验证。

4. 设置组件的常用公共属性

修改Index.ets中的代码，设置组件常用的公共属性，示例代码如下。

```
1.  @Entry                              //@Entry表示页面入口组件
2.  @Component                          //组件
3.  struct Index {                      //组件名为Index
4.      build() {                       //必须得有build()方法
5.          Column() {                  //垂直方向的布局容器组件Column
6.              //在这里添加其他组件
```

```
7.      Text('ArkTS1')
8.          .fontSize(50)
9.          .width(300)                                  //设置Text的宽度为300
10.         .height(200)                                 //设置Text的高度为200
11.         .backgroundColor("#ffb1eef3")                //设置Text的背景颜色
12.         .margin({left:10,top:20,right:30,bottom:40}) //设置外边距
13.     Text('ArkTS2')
14.         .fontSize(50)
15.         .width(300)                                  //设置Text的宽度为300
16.         .height(200)                                 //设置Text的高度为200
17.         .backgroundColor("#ffb1eef3")                //设置Text的背景颜色
18.         .padding({left:30,top:10,right:30,bottom:60})//设置内边距
19.     }
20.     .width('100%')                                   //设置Column的宽度属性,占满屏幕宽度
21.     .height('100%')                                  //设置Column的高度属性,占满屏幕高度
22.     .backgroundColor('#ffecf5ca')                    //设置Column的背景颜色
23.     }
24. }
```

预览应用,观察内外边距的设置效果是否如图2-17中编号②所示的一致,自行修改内外边距的值后再次预览应用,验证效果。

请读者自行修改Column的参数,比如修改成Column({space: 40}),将40改成不同的值,感受参数设置的效果。

5. 使用@State状态变量

在新创建的页面文件Index1.ets中修改代码,给Text组件添加单击事件。当Text组件被单击时,修改被@State装饰的状态变量message的值为"你好,ArkTS",示例代码如下。

```
1.  @Entry                                       //@Entry表示页面入口组件
2.  @Component                                   //组件
3.  struct Index1 {                              //组件名为Index
4.      @State message: string = "Hello World"   //定义状态变量
5.      build() {                                //在build()中构建页面UI
6.          Column({ space: 40 }) {
7.              Text(this.message)               //引用状态变量的值
8.                  .fontSize(50)                //字体大小为30
9.                  .onClick(()=>{               //添加单击事件
10.                     this.message = "你好,ArkTS"  //改变状态变量的值
11.                 })
12.         }
13.         .width('100%')                       //设置Column组件的宽属性,占满屏幕宽度
14.         .height('100%')                      //设置Column组件的高属性,占满屏幕高度
15.         .backgroundColor('#ffecf5ca')        //设置Column组件的背景颜色
16.     }
17. }
```

预览应用，页面显示出"Hello World"，当单击Text组件时，发现页面显示的文字由"Hello World"变成了"你好，ArkTS"，如图2-17的编号③所示。

把第4行代码中的@State去掉，再次预览应用，单击Text组件，页面显示的文字没有变化。

可以看到，如果不用状态变量，即使组件内的变量message的值发生了改变，页面也不会刷新；仅改变了变量message的装饰符，添加了@State状态绑定，当被装饰的状态变量的数据被修改时，ArkTS会调用build()方法进行页面的刷新，这就是ArkTS的状态管理机制，由状态变量的数据更新驱动UI刷新。

任务小结

本任务介绍了ArkUI框架、ArkTS声明式开发范式的UI描述方式，通过查找组件源码的方式，介绍了组件的参数配置和属性设置，并用装饰器@State初步体验数据驱动UI更新的响应式编程的奇妙之处。ArkTS声明式UI会用到很多组件。组件有很多属性，读者应该学会通过查找、跟踪和阅读源码，以及利用预设好的组件属性来进行高效、快速的开发。

任务3 开发设备控制页

任务描述

本任务讲解UI设计中非常重要的布局设计，使用线性布局、文字显示组件和图片组件，并配合组件的属性和样式，完成设备控制页面的开发。

学习目标

知识目标

- 了解水平线性布局Row；
- 了解垂直线性布局Column；
- 了解线性布局的权重设置；
- 了解空白填充组件Blank；
- 了解文本组件Text；
- 了解图片组件Image；
- 了解分割线组件Divider。

能力目标

- 能按应用场景选择合适的线性布局；
- 能正确设置线性布局的属性；
- 能正确设置文字显示组件的属性；
- 能正确设置图片组件的属性；
- 能开发设备控制页。

素质目标

- 能阅读开发文档，并将知识转化为能力进行代码开发；
- 能养成良好的编程规范，培养清晰的逻辑思维与编程思想。

知识储备

扫码观看视频　　扫码观看视频　　扫码观看视频

1. 水平线性布局Row

在ArkTS中，布局是一种特殊的组件，相当于容器组件，一个用户界面至少包含一个布局，布局中可以嵌套布局。构建声明式UI时，build()下只能有一个根容器，这个根容器就是布局容器。

Row是一种水平方向的布局容器，Row容器中的子组件按水平方向线性排列。每种线性布局都有主轴和交叉轴方向，Row的主轴和交叉轴如图2-19所示。

图2-19　Row组件的主轴与交叉轴

Row组件的使用示例代码如下。

```
1. Row({space:20})                              //子组件间的间隔
2. {
3.                                              //子组件
4. }
5. .justifyContent(FlexAlign.SpaceBetween)      //主轴对齐属性设置
6. .alignItems(VerticalAlign.Top)               //交叉轴对齐属性设置
7. .size({width: 138, height: 125})             //设置宽高
8. .width(200)                                  //设置宽度，覆盖前面size设置的宽度值
9. .height(100)                                 //设置高度，覆盖前面size设置的高度值
10. .backgroundColor("#fffad7d7")               //设置背景
```

设置组件的宽高时，默认情况下使用组件自身内容的宽高，充满父布局可以使用字符串"100%"。当组件同时设置size和width/height时，以最后设置的值为准。

Row的主轴对齐属性用.justifyContent()设置，参数值通过枚举FlexAlign设置，Row组件各参数的主轴对齐效果如图2-20所示。

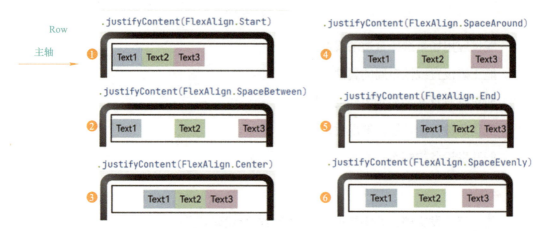

图2-20 Row组件各参数的主轴对齐效果

Row的交叉轴对齐属性用.alignItems()设置，参数值通过枚举VerticalAlign设置，各参数的交叉轴对齐效果如图2-21所示。

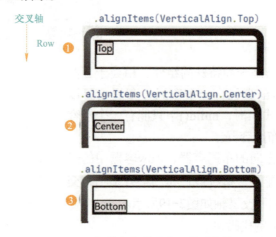

图2-21 Row组件各参数的交叉轴对齐效果

2. 垂直线性布局Column

Column是一个线性布局容器，按垂直方向排列子组件。Column组件的主轴和交叉轴如图2-22所示。

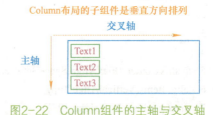

图2-22 Column组件的主轴与交叉轴

Column组件的使用示例代码如下。

```
1. Column({space:20})                        //子组件间的间隔
2. {
3.                                           //子组件
4. }
5. .justifyContent(FlexAlign.SpaceBetween)   //主轴对齐属性设置
6. .alignItems(HorizontalAlign.Start)        //交叉轴对齐属性设置
```

Column的主轴属性对齐用.justifyContent()设置，参数值通过枚举FlexAlign设置，

Column组件各参数的主轴对齐效果如图2-23所示。

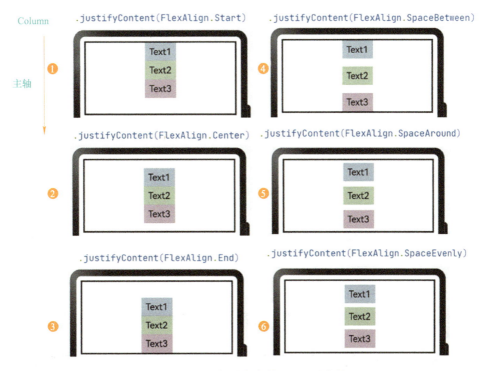

图2-23 Column组件各参数的主轴对齐效果

Column的交叉轴属性对齐用.alignItems()设置，参数值通过枚举HorizontalAlign设置，Column组件各参数的交叉轴对齐效果如图2-24所示。

图2-24 Column组件各参数的交叉轴对齐效果

3. 线性布局的权重设置

权重属性表示一行或一列中的尺寸按照权重比进行分配，仅适用于线性布局组件下的子组件。如果同时设置了某一个方向上的尺寸和权重，那么此时子组件设置的尺寸不起作用。权重属性在Row和Column上的设置说明如图2-25所示。

图2-25　权重属性在Row和Column上的设置说明

4. 空白填充组件Blank

Blank表示空白填充组件，在线性布局容器组件内用来填充组件在主轴方向上的剩余尺寸。

Blank在Row方向上的使用，除了子组件的本身宽度尺寸外，剩余尺寸用Blank占满，子组件可以很容易实现靠左或靠右摆放，效果如图2-26所示。

图2-26　在Row上使用Blank的效果

同理，Blank在Column方向上的使用，除了子组件的本身宽度尺寸外，剩余尺寸用Blank占满，子组件可以很容易实现靠上或靠下摆放。

5. 文本组件Text

Text组件用于显示文本信息，常用的设置示例代码如下。

```
1. Text('Hello, HarmonyOS; Hi ArkUI')
2.   .fontSize(20)                          //大小
3.   .fontColor('#ff0000')                  //颜色
4.   .textAlign(TextAlign.Center)           //文本的对齐方式(Start/Center/End)
5.   .fontWeight(FontWeight.Bold)           //字重
6.   .fontStyle(FontStyle.Italic)           //样式(正常：Normal；斜体：Italic)
```

7. .decoration({type: TextDecorationType.Underline, color: Color.Black})
   //给文本添加装饰线，Underline为下画线
8. .maxLines(1)   //设置行数为1时，可与下面的截断方式配合使用
9. .textOverflow({overflow: TextOverflow.Ellipsis}) //截断方式

Text组件的更多属性设置和使用说明，读者可查阅Text组件的声明文件。

6. 图片组件Image

Image用来加载并显示图片，从本地加载时可以把图片放到resources→base→media目录下或resources→rawfile目录下。

Image组件的常用属性设置：当Image组件大小和图片大小不同时，可以用objectFit属性设置图片的缩放类型；用renderMode属性设置图片的渲染模式；用sourceSize属性对原始图片做部分解码。

将图片资源hua.png放在media目录下时，使用Image组件的示例代码如下。

1. Image($r("app.media.hua")).width(200).height(150).borderWidth(1)
2. .aspectRatio(1)   //图片的宽高比为1
3. .objectFit(ImageFit.Fill)   //不保持图片宽高比显示，使图片完全充满显示边界
4. .renderMode(ImageRenderMode.Template) //将图像渲染为模板图像，忽略图片的颜色信息
5. .fillColor($r("app.color.tab_color")) //将图像填充为指定的颜色
6. .sourceSize({width: 10, height: 10})   //对原始图片做部分解码

> **注意**
>
> 使用 fillColor 属性时，图片文件的扩展名为 .svg。

将图片资源hua.png放在rawfile目录下时，使用图片资源的示例代码如下。

1. Image($rawfile("hua.png"))

7. 分割线组件Divider

在UI开发中经常用到的分割线，可以用组件Divider实现，使用的示例代码如下。

1. Divider()   //无参数
2. .vertical(true)   //分割线的方向，默认false代表水平方向，true代表垂直方向
3. .color(Color.Red)   //分割线的颜色
4. .strokeWidth(1)   //分割线的线宽
5. .lineCap(LineCapStyle.Round)   //分割线的样式

任务实施

本任务使用线性布局、文字显示组件和图片组件，并配合组件的属性和样式，完成设备控制页面的开发，每一步的UI设计和开发说明如图2-27所示。

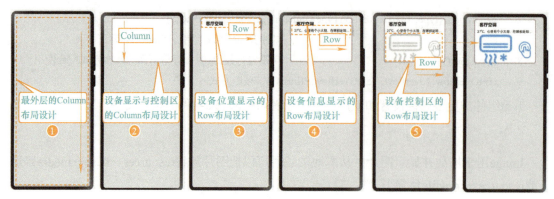

图2-27 设备控制页每一步的UI设计和开发过程

1. 整理工程资源

本任务在新创建的 **Project2_Task3** 工程中实施。创建好工程后，将任务需要的图片放到 resources→base→media 目录下，如图2-28所示。

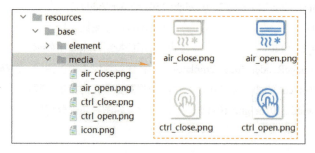

图2-28 整理Project2_Task3的工程资源

2. 设备控制页的UI结构分析

设备控制页的最外层用垂直方向的Column布局，内嵌一个Column布局，在内部的Column布局中进行设备控制的UI设计，组件树如图2-29所示。

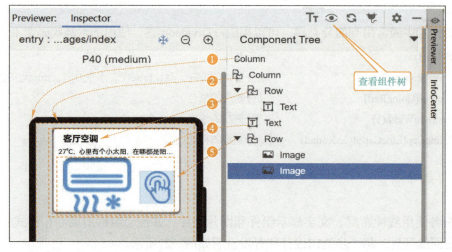

图2-29 设备控制页的组件树

3. 最外层的Column布局设计

在Index.ets中编写代码，如图2-29中的编号①所示，最外层用Column，宽高占满屏幕，设置背景为灰色。在Index.ets中编写的代码如下。

```
1.  @Entry
2.  @Component
3.  struct Index {
4.    @State openFlag: boolean = false        //设备开关的标志
5.    build() {
6.      //1.最外层的Column
7.      Column() {
8.        //2.设备控制区外框的Column
9.          //3.设备位置区
10.         //4.设备状态信息区
11.         //5.设备控制区
12.     }.width('100%')                       //宽
13.     .height('100%')                       //高
14.     .backgroundColor('#ffdbdada')         //背景
15.   }
16. }
```

预览页面，观察效果，此时的整个页面背景为灰色。

4. 设备控制区外框的Column布局设计

如图2-29中的编号②所示，内层用于显示设备相关信息的区域，也是一个Column，限定了宽高。查阅组件的公共属性，组件的边框使用.border设置样式，支持设置边框颜色、边框粗细、边框圆角及边框的展示样式，代码如下。

```
1.  //1.设备控制区外框的Column
2.  Column() {
3.    //2.设备位置区
4.    //3.设备状态信息区
5.    //4.设备控制区
6.  }
7.  .height(200)
8.  .width('80%')
9.  .margin(10)
10. .backgroundColor(Color.White)
11. .padding({ left: 10, right: 10 })
12. .border({                                 //设置边框
13.   color: "#ffb79c9c",                     //边框颜色
14.   width: 4,                               //边框粗细
15.   radius: 10,                             //边框圆角半径
16.   style: BorderStyle.Solid                //边框样式为实线
17. })
```

预览页面，在灰色背景下出现了白色的设备控制区域。

接着，可以修改Column的对齐方式，验证主轴和交叉轴的对齐效果。给最外层的Column添加对齐设置，代码如下。

```
1. .alignItems(HorizontalAlign.Center)
2. .justifyContent(FlexAlign.Start)
```

读者可自行修改对齐参数，并对比不同设置的效果。

5. 设备位置区的Row布局设计

如图2-29中的编号③所示，设备位置用Row布局，内嵌一个Text组件，在主轴方向上靠起始端对齐，设置内边距为10，添加的代码如下。

```
1. //设备位置区
2. Row() {
3.     Text("客厅空调")                                    //显示文字
4.         .fontSize(20)
5.         .fontWeight(FontWeight.Bold);
6. }.justifyContent(FlexAlign.Start)                      //主轴方向上靠起始端对齐
7. .width('100%').padding(10)                             //内边距为10
```

预览应用，在设备控制区里出现了"客厅空调"的文字。

6. 设备状态信息区的设计与开发

如图2-29中的编号④所示，在设备状态信息区中用Text组件显示文字，对齐方式为左对齐，最多显示一行，当超出一行时进行截断，添加的代码如下。

```
1. //设备状态信息区
2. Text('27℃，心里有个小太阳，在哪都是阳光明媚，天气晴朗')
3.     .height(15)
4.     .width('100%')
5.     .fontSize(15)
6.     .textAlign(TextAlign.Start)                         //文字左对齐
7.     .maxLines(1)                                        //显示一行
8.     .textOverflow({ overflow: TextOverflow.Ellipsis })  //截断方式
```

预览应用，观察文字的显示效果。

7. 设备控制区的设计和开发

如图2-29中的编号⑤所示，设备控制区用Row布局，内嵌两个Image图片组件，图片组件的权重点比为2:1；给设备控制的图片组件添加事件处理，当被单击时，反转标志位openFlag；两个图片组件显示的图片根据标志位openFlag进行图片切换。添加的代码如下。

```
1. //设备控制区
2. Row({space:20})
3. {
```

```
4.    Image(this.openFlag?$r("app.media.air_open"):$r("app.media.air_close"))
                                      //条件判断，当this.openFlag为真时显示open,否则显示close
5.      .aspectRatio(1)               //图片的宽高比为1
6.      .layoutWeight(2)              //权重为2/3
7.    Image(this.openFlag?$r("app.media.ctrl_open"):$r("app.media.ctrl_close")).aspectRatio(1).layoutWeight(1)
                                      //权重为1/3
8.      .onClick(()=>{
9.         this.openFlag = ! this.openFlag
10.     })
11. }.justifyContent(FlexAlign.Center)    //主轴方向上居中
12. .padding({left:10,right:20})          //内边距,距离左边为10,距离右边为20
```

预览应用，观察图片的显示，当单击控制图片按钮时，空调与控制图片应高亮显示，再次单击，应变成灰色，设备控制的效果如图2-30所示。

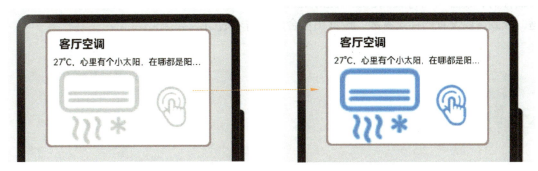

图2-30　设备控制的效果

8. 使用Blank和Divider组件

接下来设计设备位置区的Row布局，将使用Row的对齐方式修改为使用Blank组件，让"客厅空调"文字实现居左摆放，同时增加一个下画线，突出位置的显示，代码如下。

```
1.  //设备位置区
2. /* Row() {
3.    Text("客厅空调")               //显示文字
4.      .fontSize(20)
5.      .fontWeight(FontWeight.Bold);
6.  }.justifyContent(FlexAlign.Start)  //主轴方向上靠起始端对齐
7.  .width('100%').padding(10)         //内边距为10*/
8.  Row() {
9.    Text("客厅空调")               //显示文字
10.     .fontSize(20)
11.     .fontWeight(FontWeight.Bold);
12.   Blank()                        //空白填充组件，占满Row布局剩余的空间
13. }
14. .width('100%').padding(10)       //内边距为10
```

```
15.    Divider()
16.      .vertical(false)              //分割线的方向，默认时，false代表水平方向，true代表垂直方向
17.      .color(Color.Red)             //分割线的颜色
18.      .strokeWidth(1)               //分割线的线宽
19.      .lineCap(LineCapStyle.Round)  //分割线的样式
20.      .margin(5)                    //外边距为5
```

预览应用，效果如图2-31所示。

任务小结

本任务综合利用了线性布局的不同属性进行设备控制页的布局设计，并使用Text组件和Image组件进行了信息的显示。在开发过程中用到组件的公共属性时，读者可自行查阅CommonMethod类的源码，找到需要设置的样式参数，设计出符合用户需求的UI。

图2-31　使用Blank和Divider组件的效果

任务4　开发数据展示页

任务描述

本任务讲解弹性布局容器Flex、层叠布局容器Stack的使用，使用合适的布局、进度条和滑动条实现数据展示页的开发。

学习目标

知识目标

- 了解弹性布局容器Flex；
- 了解层叠布局容器Stack；
- 了解进度条组件Progress；
- 了解滑动条组件Slider。

能力目标

- 能依据场景选择弹性布局容器Flex；
- 能正确使用层叠布局容器Stack；

- 能正确使用进度条；
- 能正确使用滑动条；
- 能开发数据展示页。

素质目标

- 具有正确的编程思路；
- 具备模块化思维能力，能够将复杂的任务分解为简单的模块，提高代码的可重用性和可扩展性。

知识储备

1. 弹性布局容器Flex

扫码观看视频

弹性布局容器Flex可以更灵活地实现线性布局Row和Column的设置效果，Flex的排列和对齐方式是在参数中设置的，使用direction方向参数来决定布局方向是Row还是Column，如图2-32所示。

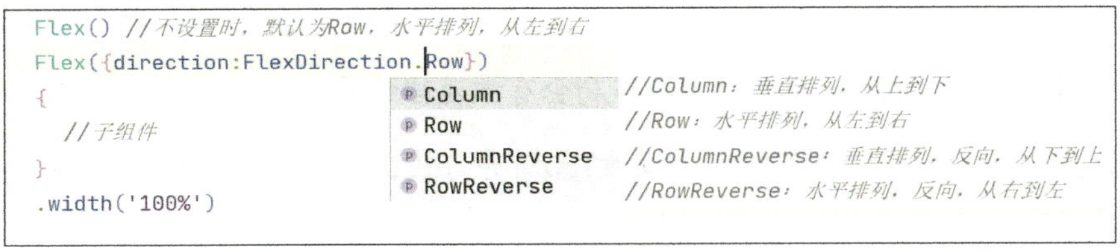

```
Flex() //不设置时，默认为Row，水平排列，从左到右
Flex({direction:FlexDirection.Row})
{
  //子组件
}
.width('100%')
```

  Column   //Column: 垂直排列，从上到下
  Row   //Row: 水平排列，从左到右
  ColumnReverse //ColumnReverse: 垂直排列，反向，从下到上
  RowReverse   //RowReverse: 水平排列，反向，从右到左

图2-32 弹性布局的方向设置

确定好方向后，就可以继续设置主轴和交叉轴上的对齐方式。Flex在主轴上的对齐设置用justifyContent，在交叉轴上的对齐设置用alignItems，对齐方式的枚举值说明如图2-33所示。

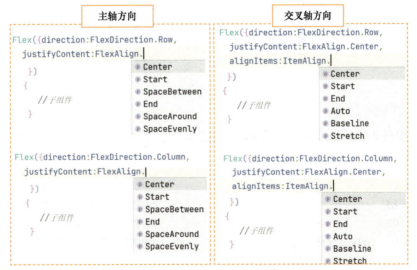

图2-33 Flex的对齐方式的枚举值说明

有关Flex的其他设置，读者可查阅源码进行设置，这里不再展开参数说明。

2. 层叠布局容器Stack

层叠布局容器Stack可把子组件按照设置的对齐方式顺序依次堆叠，后一个子组件覆盖在前一个子组件上面。子组件的对齐方式使用alignContent参数来设置。Stack的对齐方式及对齐枚举值说明如图2-34所示。

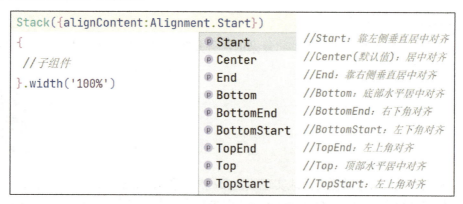

图2-34　Stack的对齐方式及对齐枚举值说明

> **注意**
>
> Stack组件层叠式堆放，尺寸较小的布局会有被遮挡的风险。

将Text组件放在Stack层叠布局中，设置Top对齐方式，效果如图2-35所示。

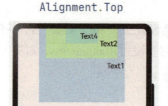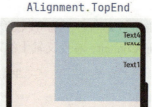

图2-35　层叠布局的Top对齐效果

3. 进度条组件Progress

进度条组件Progress用于显示内容加载或操作处理进度，参数和属性的使用说明代码如下。

扫码观看视频

```
1. Progress({
2.     value: 85,                          //参数1：必选,当前进度
3.     total:100,                          //参数2：可选,最大进度,默认为100
4.     type: ProgressType.ScaleRing        //参数3：可选,进度条类型
5. })
6. .size({width: 80, height: 80})
```

```
7.    .color(Color.Pink)           //属性1：进度条的颜色,默认为蓝色
8.    .style({                     //属性2：设置进度条的样式
9.        strokeWidth:20,          //strokeWidth：设置进度条宽度
10.       scaleCount:100,          //scaleCount：设置环形进度条总刻度数
11.       scaleWidth:10            //scaleWidth：设置环形进度条刻度粗细
12.   })
13.   .value(22)                   //属性3：当前进度,会覆盖参数的当前进度
```

进度条的类型有5种，说明如下。

```
1. //进度条样式
2. declare enum ProgressType {
3.     Linear,                     //条形进度条（默认值）
4.     Ring,                       //环形进度条
5.     Eclipse,                    //日食样式进度条
6.     ScaleRing,                  //环形刻度进度条
7.     Capsule,                    //胶囊样式进度条
8. }
```

4. 滑动条组件Slider

滑动条组件Slider用来快速调节音量、亮度等。Slider组件的默认宽度为父容器宽度的100%，效果如图2-36所示。

图2-36　滑动条的效果

Slider常用的参数说明如下。

```
1. Slider(value:{
2.     value?: number,             //当前进度值,默认值为0
3.     min?: number,               //设置最小值,默认值为0
4.     max?: number,               //设置最大值,默认值为100
5.     step?: number,              //设置Slider滑动跳动值,默认值为1
6.     style?: SliderStyle         //设置Slider的滑块样式,默认值为OutSet
7. })
```

SliderStyle的取值有两种：SliderStyle.OutSet 指滑块在滑轨上，SliderStyle.InSet指滑块在滑轨内。

Slider常用的属性说明如下。

```
1. Slider(){...}
2.   .blockColor(Color.Red)        //设置滑块的颜色
3.   .selectedColor(Color.Green)   //设置滑轨的已滑动颜色
4.   .showSteps(true)              //默认值为false,设置当前是否显示步长刻度值
5.   .showTips(true)               //默认值为false,设置滑动时是否显示气泡来提示百分比
6. }
```

Slider滑动时触发onChange的事件回调，value为当前进度值，mode为拖动状态，说明如下。

```
1. Slider(){... }
2. .onChange((value: number, mode: SliderChangeMode) => {
3.     //todo
4. })
```

事件回调参数中的mode有4种：SliderChangeMode.Begin表示用户开始拖动滑块；SliderChangeMode.Moving表示用户拖动滑块的过程中；SliderChangeMode.End表示用户结束拖动滑块；SliderChangeMode.Click表示在拖动条上的指定位置单击后会跳转到指定的位置。

任务实施

本任务使用弹性布局容器Flex、层叠布局容器Stack、进度条组件和滑动条组件来实现数据展示页的开发，每一步的UI设计和开发说明如图2-37所示。

图2-37 数据展示页每一步的UI设计和开发说明

1. 整理工程资源

本任务在新创建的Project2_Task4工程中实施。创建好工程后，将任务需要的图片放到resources→base→media目录下，如图2-38所示。

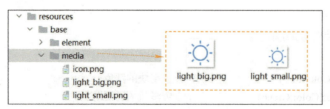

图2-38 整理Project2_Task4的工程资源

2. 数据展示区的Flex布局设计

在Index.ets中编写代码，如图2-37中的编号①所示，页面最外层和数据展示区都使用垂直方向的Flex布局，对齐方式有所不同，代码如下：

```
1.  @Entry
2.  @Component
3.  struct Index {
4.    @State sliderVal: number = 5;              //滑动条的状态变量
5.    build() {
6.      //1.最外层布局
7.      Flex({
8.        direction:FlexDirection.Column,
9.        justifyContent:FlexAlign.Center,        //在主轴上居中对齐
10.       alignItems:ItemAlign.Center
11.     }) {
12.       //2.数据显示区域
13.       Flex({
14.         direction:FlexDirection.Column,
15.         alignItems:ItemAlign.Start             //在交叉轴上起始端对齐
16.       }) {
17.         //3.调光灯带
18.         //4.进度条
19.         //5.滑动条
20.       }
21.       .width('90%')
22.       .height('300')
23.       .backgroundColor('#ffffff')
24.       .borderRadius(20)
25.     }
26.     .width('100%')
27.     .height('100%')
28.     .backgroundColor('#ffe5e4e4')
29.     .padding({ top: 20 })
30.   }
31. }
```

3. 调光灯带区设计

如图2-37中的编号②所示，调光灯带的文字和分割线直接放在数据显示区的Flex布局下。因为Flex布局已设置好起始端对齐，因此可以实现靠左放置，代码如下。

```
1. //调光灯带
2. Text('调光灯带').fontSize(30).margin({ left: 10 })
3. Divider().borderWidth(1).backgroundColor("#ff989797")
```

4. 用Stack布局和进度条显示数据

如图2-37中的编号③所示，数据的显示在层叠布局中进行，使用Progress组件和显示数据的Text组件，Text叠放在Progress上面，对齐方式为居中，数据值使用滑动条的状态变量

数据，代码如下。

```
1.  //进度条
2.  Flex({direction:FlexDirection.Row,
3.      justifyContent:FlexAlign.SpaceEvenly          //水平方向等间距排列
4.  }) {
5.      Stack({ alignContent: Alignment.Center }) {   //层叠布局,居中
6.          Progress({
7.              value: 27,                            //必选,当前进度,会被后面的.value(值)覆盖
8.              total: 100,                           //可选,最大进度
9.              type: ProgressType.ScaleRing          //可选,环形刻度进度条
10.         })
11.         .size({ width: 80, height: 80 })
12.         .color('#ff99dd86')                       //进度条的颜色,默认为蓝色
13.         .style({                                  //设置进度条的样式
14.             strokeWidth: 20,                      //设置进度条宽度
15.             scaleCount: 100,                      //设置环形进度条总刻度数
16.             scaleWidth: 10                        //设置环形进度条刻度粗细
17.         })
18.         //使用滑动条的值this.sliderVal.toFixed(0)
19.         .value(Number.parseInt(this.sliderVal.toFixed(0)))
20.         Text(this.sliderVal.toFixed(0)+ '%').fontSize(20)
21.     }.height(140)
22. }
23. .width('100%')
24. .height(160)
```

5. 用滑动条调节灯光亮度

如图2-37中的编号④所示，滑动条区域用Flex布局，不设置参数时默认为Row水平方向，从左到右排列亮度小图标、滑动条、亮度大图标，并在滑动条的事件处理中获取滑动值，记录到状态变量sliderVal中，从而实现滑动时进度条的进度和显示的数据跟着改变，代码如下。

```
1.  //滑动条
2.  Flex() {                                          //默认为Row,水平排列,从左到右
3.      Image($r('app.media.light_small')).width(30).aspectRatio(1)
4.      Slider({
5.          value: 20,                                //当前值
6.          min: 0,                                   //最小值
7.          max: 100,                                 //最大值
8.          step: 1,                                  //步长
9.          style: SliderStyle.InSet,                 //滑动条的滑块样式
10.         direction: Axis.Horizontal,               //水平方向
```

```
11.     reverse: false                                    //滑动条的取值范围不能反向
12.   }).width('80%')
13.     .blockColor(Color.White)                          //设置滑块颜色
14.     .trackColor(Color.Gray)                           //设置滑轨颜色
15.     .selectedColor(Color.Green)                       //设置滑轨的已滑动颜色
16.     .showSteps(true)                                  // 设置显示步长
17.     .showTips(true)                                   // 设置显示进度
18.     .onChange((value: number, mode: SliderChangeMode) => {
19.       this.sliderVal = value                          //获取滑动的值
20.     })
21. Image($r('app.media.light_big')).width(50).aspectRatio(1)
22. }.padding(10)
```

预览应用，观察滑动条滑动后进度条和文件的显示效果。

任务小结

本任务使用弹性布局容器Flex、进度条和滑动条实现了数据展示页面的开发。Flex可以弹性设置为Row与Column方向，与Row和Column在属性方法中设置的写法不同，Flex是在参数中设置的，但效果是一样的。

任务5　开发登录页

任务描述

本任务讲解App的登录页的设计和开发过程，以及输入框组件、按钮组件、开关组件和文本提示框，完成登录页的开发。

学习目标

知识目标

- 了解输入框组件TextInput；
- 了解按钮组件Button；
- 了解开关组件Toggle；
- 了解文本提示框promptAction。

能力目标

- 能正确设置输入框组件的属性；
- 能使用合适的按钮组件并处理按钮的事件；
- 能使用开关组件并处理开关的事件；
- 能使用文本提示框promptAction；
- 能完成登录页面的开发。

素质目标

- 培养谦虚、好学、勤于思考、认真做事的良好习惯；
- 编程需要耐心和细心，能够静下心来解决问题，不轻易放弃。

知识储备

1. 输入框组件TextInput

TextInput组件用于输入单行文字，若文本超出自身长度，则使用…在末尾替代。TextInput可以选择输入的类型。通过事件onChange的回调获取输入的内容。示例代码如下。

```
1. TextInput({
2.     "text",                                   //初始显示文本
3.     placeholder: "请输入用户名"                 //提示文字,不设置text时生效
4. })
5. .type(InputType.Normal)                       //表示输入框的类型为普通字符
6. .enterKeyType(EnterKeyType.Search)            //表示设置输入法回车键类型为搜索
7. .onChange((value)=>{                          // onChange：输入框的内容变化时的回调方法
8.     console.log("输入的内容为："+value)
9. })
```

TextInput组件的输入类型由InputType枚举值限定，效果如图2-39所示。

图2-39　不同输入类型的效果

ArkTS还提供了TextArea，用于多行输入，使用方法与TextInput类似。

2. 按钮组件Button

Button组件用于触发某些操作，不同的按钮样式用type参数进行设置，按钮被单击时触

发onClick事件回调方法，示例代码如下。

```
1. Button('登录',
2.    { type: ButtonType.Circle })
3.    .height(90)
4.    .width(90)
5.    .borderRadius(20)           // 设置圆角，因为按钮设置成圆形,因此这里没有效果
6.    .borderWidth(3)             // 设置边框宽度
7.    .borderColor(Color.Red)     // 设置边框颜色
8.    .backgroundColor('#bbaacc') // 设置背景色
9.    .onClick(()=>{              // 处理按钮的单击事件
10.   //todo
11. })
```

ButtonType定义了3种样式：Capsule（默认值）为胶囊类型，圆角值为Button高度的一半且不允许修改；Normal为矩形按钮，无圆角，可以通过borderRadius设置圆角大小；Circle为圆形按钮，设置该样式时，需要设置Button的宽高，否则不显示。

3. 开关组件Toggle

Toggle组件表示开关，开关状态的初始化用isOn参数进行设置。使用type设置开关样式，开关状态切换时触发onChange事件回调方法，示例代码如下。

```
1. Toggle({
2.    isOn:true,                              //设置开关状态组件初始化状态为开
3.    type: ToggleType.Switch})               //设置组件为开关样式
4.    .selectedColor("#ffa6c88c")             //设置组件打开状态的背景颜色
5.    .switchPointColor(Color.Red)            //设置 type类型为 Switch时的圆形滑块颜色
6.    .onChange((isOn) => {                   //事件回调,isOn为开与关的状态值
7.    console.log( "开关状态：" + isOn)
8.    })
```

ToggleType定义了3种样式：Switch为开关样式；Checkbox为单选框样式；Button为按钮样式，如果有文本设置，则相应的文本内容会显示在按钮内部。

4. 文本提示框promptAction

promptAction是在@ohos.promptAction模块里提供的，使用时需要导入@ohos.promptAction模块，用promptAction.showToast()提示信息。示例代码如下。

```
1. import promptAction from '@ohos.promptAction';
                                         //导入文本提示框模块
2. …
3. promptAction.showToast({
4.     message: "消息",         //显示文本，必填项
5.     duration: 2000,          //显示时长，可选项，单位为毫秒，范围为[1500,10000]，默认为1500
6.     bottom: 1000             //Toast的显示位置距离底部的间距，可选项
7. })
```

任务实施

本任务使用输入框组件、按钮组件、开关组件和文本提示框完成登录页的开发,每一步的UI设计和开发说明如图2-40所示。

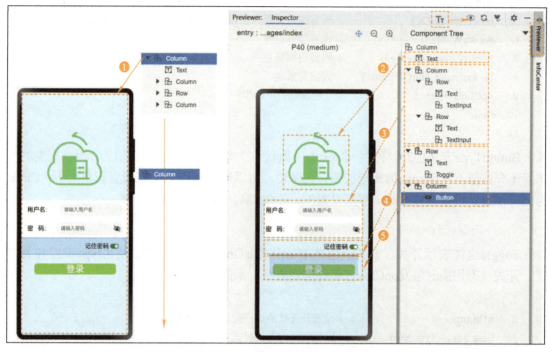

图2-40 登录页面每一步的UI设计和开发说明

1. 整理工程资源

本任务在新创建的**Project2_Task5**工程中实施。创建好工程后,将任务需要的图片放到resources→base→media目录下,如图2-41所示。

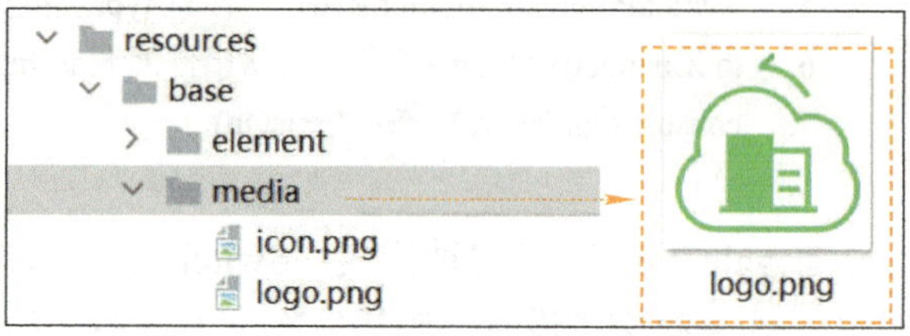

图2-41 整理Project2_Task5的工程资源

2. 最外层布局设计

如图2-41中的编号①所示,登录页面最外层用垂直方向的**Column**布局,内嵌Logo区、用户名/密码输入区、记住密码区和"登录"按钮区,内嵌的组件居中对齐。在**Index.ets**中编写的代码如下:

```
1. @Entry
2. @Component
3. struct Index {
4.    //状态变量定义
5.    build() {
6.        //1. 最外层Column
7.        Column() {
8.            //2. Logo区
```

```
9.      //3.用户名/密码区
10.     //4.记住密码区
11.     //5."登录"按钮区
12.   }
13.   .justifyContent(FlexAlign.Center)         //Column主轴(垂直)居中对齐
14.   .alignItems(HorizontalAlign.Center)       //Column交叉轴(水平)居中对齐
15.   .width('100%')                            //Column的宽,占满屏幕宽度
16.   .height('100%')                           //Column的高,占满屏幕高度
17.   .backgroundColor('#ffdbf2fc')             //Column的背景
18.   .padding(10)                              //内边距
19.   }
20. }
```

3. Logo区设计

如图2-41中的编号②所示，Logo区是一个Image组件，使用应用的资源图片logo.png，设置宽度为200，宽高比为1，底部距离下一个组件80，代码如下。

```
1. //Logo区
2. Image($r("app.media.logo")).width(200).aspectRatio(1)
3.    .margin({ bottom: 80 })                   //外边距,距离下一个组件80
```

4. 添加状态变量

本任务中输入的用户名和密码，以及记住密码的开关状态，需要使用状态变量进行记录。在Index.ets中添加相关状态变量，代码如下。

```
1. //状态变量定义
2. @State name: string = ""                     //输入的用户名
3. @State pass: string = ""                     //输入的密码
4. @State isRememberPass: boolean = false       //"记住密码" 的勾选状态
```

5. 用户名/密码区设计

如图2-41中的编号③所示，用户名/密码区外层是一个Column，里面用两个Row，分别是用户名和密码所在的行。用户名区用了权重设置，密码区用了宽度设置，用来比较设置宽度和权重的效果。输入的用户名和密码选择了不同的输入类型。输入框都处理了事件，获取了对应的输入值，代码如下。

```
1. //用户名/密码区
2. Column() {
3.   Row() {
4.     Text('用户名：')                          //显示文字
5.       .fontSize(20)
6.       .layoutWeight(1)                        //权重占1/3
7.     TextInput({ placeholder: "请输入用户名" }) //提示信息
8.       .fontSize(20)
9.       .layoutWeight(2)                        //权重占2/3
10.      .type(InputType.Normal)                 //输入类型为正常
11.      .onChange((value) => {                  //输入的事件处理
```

```
12.            this.name = value;                    //获取输入的用户名
13.        })
14.    }.padding(10).backgroundColor(Color.White)
15.
16.    Row() {
17.        Text('密  码：').fontSize(20).width('30%')
18.        TextInput({ placeholder: "请输入密码" })
19.            .fontSize(20).width('70%')
20.            .type(InputType.Password)                //输入类型为密码
21.            .onChange((value) => {
22.                this.pass = value                    //获取输入的密码
23.            })
24.    }.padding(10)
25.    .backgroundColor(Color.White)
26. }
```

6. 记住密码区设计

如图2-41中的编号④所示，记住密码区由Text组件和Toggle组件组成，用Row包裹住，并设置Row的对齐方式为End对齐，设置Toggle为开的状态，处理开关状态改变的事件，代码如下。

```
1. //记住密码区
2. Row() {
3.     Text('记住密码').fontSize(20)
4.     Toggle({ isOn: true,                            //开关状态组件初始化状态为开
5.         type: ToggleType.Switch })                  //组件为开关样式
6.         .switchPointColor(Color.White)              //Switch的圆形滑块颜色
7.         .selectedColor(Color.Green)                 //设置组件打开状态的背景颜色
8.         .width(25).height(25)
9.         .margin({ right: 20 })                      //外边距
10.        .onChange((isOn) => {                       //开关的事件处理
11.            this.isRememberPass = isOn              //获取开关的状态
12.            console.log("开关状态：" + this.isRememberPass)
13.        })
14. }.width('100%')
15. .backgroundColor('#ffcde5e0')
16. .justifyContent(FlexAlign.End)                     //右对齐
```

预览应用，切换开关状态，在预览日志信息区查看信息，如图2-42所示。

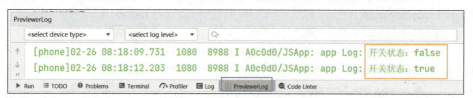

图2-42　开关切换的日志输出

7. 登录按钮区设计

如图2-41中的编号⑤所示,"登录"按钮放在Column中,利用Column默认的对齐方式实现居中对齐。按钮的类型为Normal,设置了圆角。处理按钮的单击事件,单击按钮时,将获取到的用户名和密码信息用console.log()进行日志输出,代码如下。

```
1. //"登录"按钮
2. Column() {
3.    Button('登录', { type: ButtonType.Normal })
4.      .height(35).fontSize(30)
5.      .borderRadius(10)                             //按钮圆角
6.      .width('80%')
7.      .margin({ left: 10, right: 10, top: 30 })     //外边距
8.      .backgroundColor('#ff86c321')
9.      .onClick(() => {                              //按钮的单击事件
10.       console.log("用户名:" + this.name + " 密码:" + this.pass)
11.     })
12. }
```

在进行界面设计时,可预览应用,查看效果。输入用户名和密码,单击"登录"按钮,在日志区域查看信息时,由于log输出信息过多,查看应用运行的输出信息不是很方便,因此需要封装一个消息提示函数。

8. 封装消息提示函数

在Index.ets的第1行导入消息提示模块,封装消息提示函数showMsg(),代码如下。

```
1. import promptAction from '@ohos.promptAction';
2. @Entry
3. @Component
4. struct Index {
5. …
6. //封装提示消息的函数,msg为传入的提示消息
7.   showMsg(msg: string) {
8.     promptAction.showToast({
9.       message: "选中的值是:" + msg,
10.      duration: 2000,               //显示时长为2s
11.      bottom: 100                   //显示位置距离底部100
12.    })
13.  }
14.
15.  build() {
16.    ...
17.  }
18. }
```

把开关的日志和"登录"按钮的日志输出,修改为使用消息提示,代码如下。

```
1. //记住密码的开关：
2. //console.log("开关状态：" + this.isRememberPass)
3. this.showMsg("开关状态：" + this.isRememberPass)
4.
5. // "登录"按钮
6. //console.log("用户名：" + this.name + " 密码：" + this.pass)
7. this.showMsg("用户名：" + this.name + " 密码：" + this.pass)
```

运行模拟器，切换开关，输入用户名和密码后，单击"登录"按钮，效果如图2-43所示。

图2-43　登录页面运行效果

任务小结

本任务主要讲解输入框组件、按钮组件、开关组件和文本提示框的使用，并综合使用布局和组件开发了登录页面，处理了按钮的事件。要实现记住密码功能，需要配合数据存储技术，这个将在后面的任务中进行讲解。

任务6　自定义组件

任务描述

本任务讲解自定义组件的规则，并进行自定义组件的创建、导出和导入。

学习目标

知识目标

- 了解自定义组件；

- 了解组件的导出/导入/调用；
- 了解组件和页面的生命周期。

能力目标

- 能分析需要自定义的组件；
- 能创建自定义组件；
- 能导出和导入组件；
- 能正确传递参数给自定义组件。

素质目标

- 具有正确的编程思路；
- 能够将具体的问题抽象化，总结出问题的共性和规律，从而更好地解决问题。

知识储备

扫码观看视频

1. 自定义组件

自定义组件是可组合的组件，可以组合使用内置组件、其他组件、公共属性和方法。自定义组件也是可复用的UI单元，它可以被其他组件重用，在不同的父组件或容器中使用；自定义组件中的状态变量的数据改变，可以驱动UI自动更新。

自定义组件时须遵循的规则如图2-44所示。

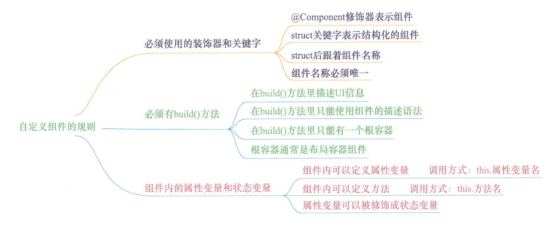

图2-44　自定义组件须遵循的规则

2. 组件的导出/导入/调用

组件定义时可以用关键字export default进行导出，在使用时用import进行导入，如

图2-45所示。

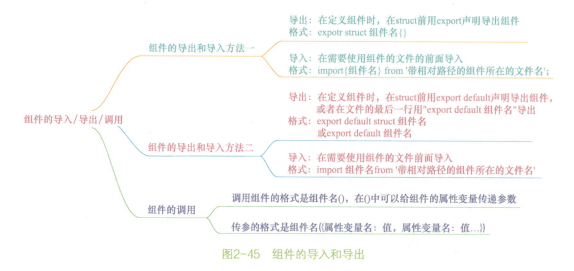

图2-45　组件的导入和导出

3. 组件和页面的生命周期

每个组件都有生命周期的回调方法，这些回调方法在组件的不同生命周期状态中自动执行，用户不可以调用生命周期的回调方法，但可以在组件的生命周期函数中编写业务逻辑处理。组件的生命周期函数有两个，分别是aboutToAppear()和aboutToDisappear()。

当一个组件使用了@Entry装饰器后，它成为一个页面，页面的生命周期函数有3个，分别是onPageShow()、onPageHide()和onBackPress()。

组件和页面的生命周期函数说明如图2-46所示。

图2-46　组件和页面的生命周期函数

任务实施

本任务在新创建的Project2_task6工程中实施，从自定义组件的分析和创建，到自定义组件的导出、导入和使用，讲解自定义组件的开发过程，每一步的UI设计和开发说明如图2-47所示。

图2-47 自定义组件每一步的UI设计和开发说明

1. 整理工程资源

本任务在新创建的Project2_Task6工程中实施。创建好工程后，将任务需要的图片放到resources→base→media目录下，如图2-48所示。

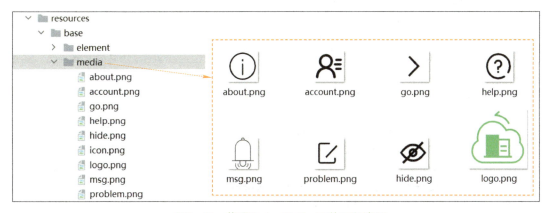

图2-48 整理Project2_Task6的工程资源

2. 创建自定义组件的目录和文件

按官方的建议，自定义的组件放在ets→view目录下。默认创建的ArkTS工程没有这个目录，需要手动创建。

在ets目录下新建view目录，再在view目录下新建ArkTS File文件，名为MyItem，目录及文件的创建过程和结果如图2-49所示。

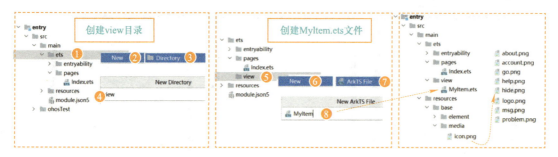

图2-49　目录及文件的创建过程和结果

3. 创建自定义组件并导出

当需要完成一个UI设计时，发现UI中有重复出现的元素，或者这个UI以后可以重复使用，即可把它做成一个自定义的组件。

以图2-47为例，图中的每一项提示操作都在一行内展示，因此就可以把这一行的UI抽取出来，用一个自定义组件来实现，抽取出来的自定义组件效果如图2-47中的编号①所示。

如图2-47中的编号②所示，组件中左边的图片和文字可以由调用者传入，因此将图片和文字抽取成状态变量，并在组件中使用"this.状态变量"进行引用；而右边的符号">"是同一个，因此可以不抽取状态变量。

在MyItem.ets中编写代码，组件用@Preview装饰，用来预览自定义的组件；用@Component装饰组件，用export default导出组件。代码如下。

```
1. @Preview
2. @Component
3. export default struct MyItem {
4.     @State image: Resource = $r("app.media.msg")        //图片的状态变量
5.     @State text: string = "消息中心"                      //文字的状态变量
6.     build() {
7.         Column() {
8.             Row({ space: 10 }) {
9.                 Image(this.image).width(30).aspectRatio(1)        //使用状态变量
10.                Text(this.text).fontSize(20)                       //使用状态变量
11.                Blank()
12.                Image($r("app.media.go")).width(30).aspectRatio(1)
13.            }.width('100%').height(50)
14.            .padding({ left: 10, right: 10 })
15.            //分割线
16.            Divider().width('90%').borderWidth(0.5)
17.        }
18.    }
19. }
```

代码编写完成之后，选中MyItem.ets文件，预览应用，自定义组件MyItem的预览效果如图2-50所示。

图2-50　自定义组件MyItem的预览效果

4. 导入并调用自定义组件

在Index.ets中，用import导入组件MyItem。注意路径的写法，使用的是相对路径，调用组件并传入不同的参数。MyItem组件内定义了两个状态变量，因此传参数时需要使用{状态变量名：值}的方法指明参数是传给哪个状态变量的，多个参数间用逗号隔开，代码如下。

```
1. //导入MyItem组件
2. import MyItem from '../view/MyItem';
3. @Entry
4. @Component
5. struct Index {
6.   build() {
7.     Column({ space: 10 }) {
8.       //Logo区
9.       Image($r("app.media.logo")).width(200)
10.        .aspectRatio(1).margin({ bottom: 80 })
11.      Column({ space: 10 }) {
12.        //调用组件
13.        MyItem({ image: $r("app.media.msg"), text: '消息中心' })
14.        MyItem({ image: $r("app.media.problem"), text: '意见反馈' })
15.        MyItem({ image: $r("app.media.help"), text: '帮助中心' })
16.        MyItem({ image: $r("app.media.hide"), text: '隐藏设备' })
17.        MyItem({ image: $r("app.media.account"), text: '账号切换' })
18.        MyItem({ image: $r("app.media.about"), text: '关于我们' })
19.      }.backgroundColor(Color.White)
20.       .borderRadius(20).margin(10)
21.     }.backgroundColor("#fff1f0f0")
22.      .height('100%').width('100%')
23.   }
24. }
```

选中Index.ets文件，预览应用，观察效果是否与图2-47中编号③所示的一致。

5. 验证组件和页面的生命周期

修改MyItem组件的代码，添加组件的生命周期函数；修改Index组件的代码，由于Index组件使用了@Entry装饰器，因此Index所在的组件是一个页面，在Index组件中添加组件和页面的生命周期函数，如图2-51所示。

```
// MyItem.ets
@Preview
@Component
export default struct MyItem {
  @State image: Resource = $r("app.media.msg")
  @State text: string = "消息中心" // 文字的状态变量
  aboutToAppear()
  {
    console.log('组件MyItem被加载了...')
    this.image = $r("app.media.msg")
  }
  aboutToDisappear()
  {
    console.log('组件MyItem被卸载了...')
  }
  build() {
```

```
// Index.ets
// 导入MyItem组件
import MyItem from '../view/MyItem';
@Entry
@Component
struct Index {
  onPageShow(){
    console.log('页面Index出现了...')
  }
  onPageHide(){
    console.log('页面Index隐藏了...')
  }
  onBackPress(){
    console.log('用户按了退出键...')
  }
  build() {
```

图2-51 添加组件和页面的生命周期函数

使用模拟器运行应用，应用运行起来后，可以看到加载的MyItem组件中的图片变成了相同的图片，原因是在MyItem的组件生命周期中设置了状态变量this.image的值为app.media.msg，在MyItem组件的bulid()方法运行前先执行了aboutToAppear()方法。为了查看组件和页面的生命周期执行过程，请按图2-52所示的操作过程执行模拟器。

图2-52 执行模拟器的操作过程

同时，应用运行后，在日志区域查看与组件和页面生命周期的执行过程相关的信息，操作如图2-53所示。

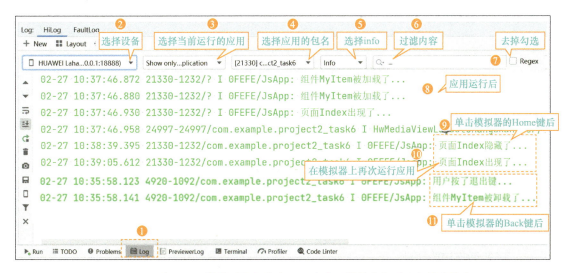

图2-53　在日志区域查看与组件和页面生命周期的执行过程相关的信息

验证完生命周期函数后，先将MyItem组件的生命周期函数的修改状态变量的值进行注释，以免影响下一个任务的运行效果，代码如下。

1. export default struct MyItem {
2. ...
3. 　aboutToAppear() {
4. 　　console.log('组件MyItem被加载了...')
5. 　　//this.image = $r("app.media.msg")
6. 　}
7. 　...
8. }

任务小结

本任务主要讲解了ArkTS开发过程中很重要的自定义组件的相关操作，从分析需要自定义的组件开始，到学会抽取自定义组件需要的参数，再到导出和导入组件、调用自定义组件并正确传递参数，完整清晰地把自定义组件的开发流程讲明白了。读者需要好好揣摩其中的用法，并在后续的UI设计中进行应用。

任务7 渲染组件

任务描述

本任务讲解用条件和循环进行组件的渲染控制，同时在组件的生命周期函数中进行数据的初始化。

学习目标

知识目标

- 了解条件渲染语法；
- 了解循环渲染语法。

能力目标

- 能使用条件渲染控制组件的显示；
- 能使用循环渲染控制组件的重复显示；
- 能处理循环渲染需要的数据源；
- 能在组件的生命周期函数中获取数据。

素质目标

- 计算机技术更新换代很快，需要具备快速学习和适应新技术的能力。
- 能够独立思考和解决问题，具备分析问题和解决问题的能力。

知识储备

扫码观看视频

1. 条件渲染语法

在ArkUI声明式开发范式中，页面中的组件可以使用if/else条件渲染，以达到控制组件的显示逻辑，条件渲染的使用说明如图2-54所示。

2. 循环渲染语法

在ArkTS声明式开发范式中，重复出现的组件可以用ForEach循环来迭代渲染，组件需要的数据放在数组中，ForEach在迭代数组时创建相应的组件并传入数据，ForEach循环渲染的使用说明如图2-55所示。

单元2 ArkTS声明式开发

图2-54 条件渲染的使用说明

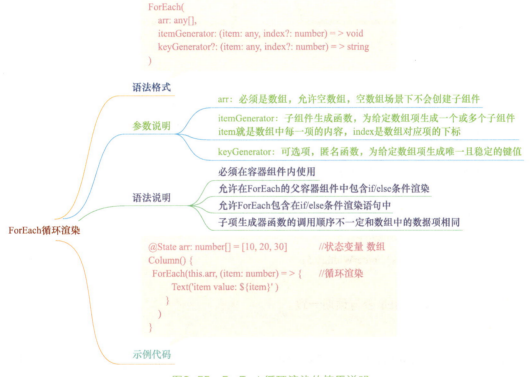

图2-55 ForEach循环渲染的使用说明

任务实施

本任务在Project2_Task6的基础上运行，将Project2_Task6工程源码复制一份，重命名为Project2_Task7。在工程Project2_Task7中修改代码，实现使用条件和循环渲染控制组件的显示，效果如图2-56所示。

图2-56 条件与循环渲染的效果

1. 用条件渲染组件

预览应用，观察调用组件后的效果。此时发现，在最后一行，当出现"关于我们"项时，下面的分割线出现了。在开发时，最后一项的分割线是不需要的。

修改组件MyItem的代码，在分割线组件上使用条件渲染，使用字符串的匹配函数match()，判断传入的文字不是"关于我们"时，组件中的分割线才渲染，代码如下。

```
1. //分割线
2. //使用条件渲染
3. if(!this.text.match("关于我们")) {
4.    Divider().width('90%').borderWidth(0.5)
5. }
```

预览应用，验证效果是否与预期一致。

2. 封装数据实体类

观察应用，发现MyItem组件在重复调用，可以用循环渲染进行调用。循环渲染需要将数据放在数组中，因此，本任务需要将图片资源和文字资源整理到数组中。

正常开发时，循环渲染的数据可能来源于网络或数据库，因此，一般循环渲染中数组中的数据是从其他地方获取的，这里将数据放在model目录中进行模拟数据来源。

数据需要封装在对应的实体类中。在ets目录下新建model目录，在model目录中新建DataModel.ets文件，用于封装对应的实体类；在ets目录下新建viewmodel目录，在viewmodel目录中新建MyDataViewModel.ets文件，用于模拟数据来源。创建好的目录和文件如图2-57所示。

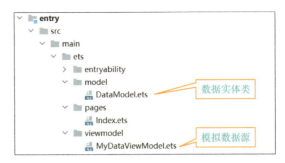

图2-57 数据源的目录结构

在DataModel.ets文件中编写DataModel类,并用export default导出类,类内提供构造方法以用于封装对象,代码如下。

```
1. export default class DataModel{
2.     imageSrc: Resource;                              //图片
3.     textVal: string;                                 //文字
4.     //构造方法
5.     constructor(imageSrc: Resource,textVal: string)
6.     {
7.         this.imageSrc = imageSrc;
8.         this.textVal = textVal;
9.     }
10. }
```

3. 处理数据源

在MyDataViewModel.ets中导入DataModel类,编写函数initData(),并用export default进行导出;将需要的数据用DataModel类的对象进行封装,再放到datas数组中;在函数的最后一行将datas数组返回。代码如下。

```
1. import DataModel  from '../model/DataModel';
2. export default function initData():Array<DataModel>{
3.     let  datas: Array<DataModel> = [
4.     new DataModel($r("app.media.msg"),'消息中心'),
5.     new DataModel($r("app.media.problem"),'意见反馈'),
6.     new DataModel($r("app.media.help"),'帮助中心'),
7.     new DataModel($r("app.media.hide"),'隐藏设备'),
8.     new DataModel($r("app.media.account"),'账号切换'),
9.     new DataModel($r("app.media.about"),'关于我们'),
10.    ]
11.    console.log("数据初始化完毕…")
12.    return datas;
13. }
```

这里仅模拟用函数将数据返回,实际开发中,要将动态获取到的网络或数据库的数据填充进datas数组中,请读者知悉。

4. 导入数据源

在Index.ets的第一行添加导入数据实体类DataModel和数据源MyDataViewModel中的初始数据的方法initData()，代码如下。

```
1. //导入数据实体类
2. import DataModel from '../model/DataModel';
3. //导入数据源
4. import initData from '../viewmodel/MyDataViewModel';
```

5. 用循环渲染组件

修改Index组件的代码，定义变量datas并使用数据源进行初始化，在Column组件中使用循环渲染组件，循环中的item就是数据源中的每一个DataModel对象，通过"item.变量名"引用对应的值，代码如下。

```
1. @Entry
2. @Component
3. struct Index {
4.   //定义变量datas
5.   datas: Array<DataModel> = initData()          //初始化数据
6.   build() {
7.     Column({ space: 10 }) {
8.       //Logo区
9.       Image($r("app.media.logo"))
10.        .width(200).aspectRatio(1).margin({ bottom: 80 })
11.      Column({ space: 10 }) {
12.        //循环渲染组件
13.        ForEach(this.datas, (item) => {
14.          MyItem({ image: item.imageSrc, text: item.textVal })
15.        })
16.
17.      }.backgroundColor(Color.White)
18.       .borderRadius(20).margin(10)
19.    }.backgroundColor("#fff1f0f0")
20.     .height('100%').width('100%')
21.   }
22. }
```

预览应用，观察效果，应该能实现使用循环渲染组件。

6. 在生命周期函数中初始化数据

修改Index的代码，在组件和页面的生命周期函数中分别验证数据的初始化，代码如下。

```
1. //datas: Array<DataModel> = initData()          //初始化数据
2. datas: Array<DataModel>;
3. aboutToAppear() {
4.   this.datas = initData()                      //初始化数据
```

5. }
6. onPageShow(){
7. // this.datas = initData()   //初始化数据
8. }

预览应用，在aboutToAppear()中初始化数据，能正确实现效果，证明aboutToAppear()生命周期函数是在build()函数之前执行的；在页面的生命周期函数onPageShow()中初始化数据，在build()中用循环渲染组件时获取不到数据，证明opPageShow()函数是在build()函数之后执行的。在生命周期函数中进行数据初始化的效果如图2-58所示。

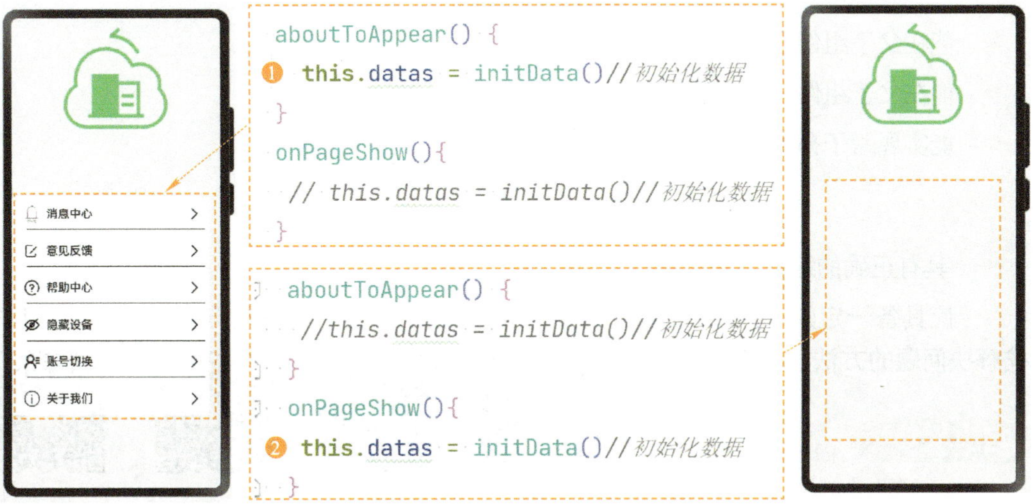

图2-58 在生命周期函数中进行数据初始化的效果

在实际开发时，opPageShow()函数可以在build()构建完页面后再对数据进行变化，从而改变页面的指定数据。

任务小结

本任务利用条件和循环渲染语法进行了组件的渲染控制。读者学会了数据源的处理，同时能利用组件的生命周期函数进行数据的初始化。

任务8 组件间的状态管理

任务描述

本任务主要讲解组件级别装饰器的使用，并在父子组件间实现单向或双向传递数据，在子孙组件间实现双向数据传递。

学习目标

知识目标

- 了解状态管理；
- 了解父子组件间的状态管理；
- 了解跨子孙组件的状态管理。

能力目标

- 能在父子组件间实现数据的单向传值；
- 能在父子组件间实现数据的双向传值；
- 能实现跨子孙组件的双向数据传递。

素质目标

- 具有正确的编程思路；
- 应具备一定的心理承受能力，能够在面对困难和挫折时保持自信和理性，并积极寻找解决问题的方法。

知识储备

1. 状态管理

ArkUI开发框架中提供的状态管理是指管理的数据发生变化时UI组件更新的范围。状态管理从生效范围的维度可以分为应用范围和组件范围，如图2-59所示。

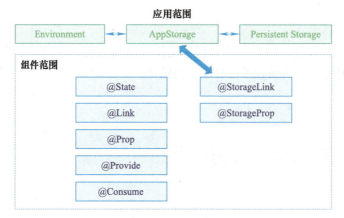

图2-59　状态管理

应用范围的数据以AppStorage为中心进行管理，根据不同的使用场景分为提供系统环境数据管理的Environment、提供持久化存储支持的Persistent Storage。组件范围的数据通过装饰器的方式提供管理机制，称为状态变量装饰器。

依靠状态管理实现了和UI相关联的数据，不仅可以在组件内使用，还可以在不同组件层级间传递，比如父子组件之间、爷孙组件之间，也可以是全局范围内的传递，还可以是跨设备传递。

另外，从数据的传递形式来看，可分为只读的单向传递和可变更的双向传递。开发者可以灵活地利用这些功能来实现数据和UI的联动。

2. 父子组件间的状态管理

在父子组件间，通过不同的状态变量可以实现单向或双向的数据传递。父子组件间的状态变量装饰器有@State、@Prop、@Link，这3种装饰器的说明如图2-60所示。

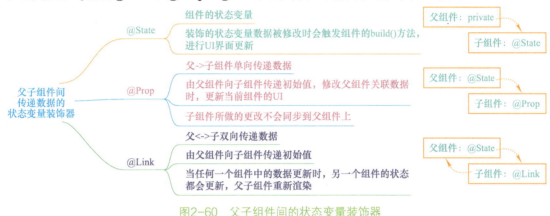

图2-60　父子组件间的状态变量装饰器

父子组件间的3种状态变量装饰器，可使用的变量类型和初始化值的说明如图2-61所示。

图2-61　父子间装饰器的变量类型和初始化值的说明

父组件调用子组件时，参数传递方式的说明如图2-62所示。

图2-62　父子间装饰器的参数传递方式的说明

3. 跨子孙组件的状态管理

@Consume和@Provide配合使用可以实现爷孙组件间的双向传值。@Provide作为数据的提供方，可以更新其孙节点的数据，并触发页面渲染；@Consume在感知到@Provide数据的更新后，会触发当前UI的重新渲染。需要爷孙组件传递的值紧跟着@Consume和@Provide，并写在()内，比如要传递scene_val的值，示例代码如下。

```
1. //爷组件
2. @Provide("scene_val") scene_parent: string = '居家'
3. //孙组件
4. @Consume("scene_val") scene_sub : string
```

任务实施

本任务在新创建的Project2_Task8项目中实施，使用状态变量@State、@Prop、@Link、@Consume和@Provide在组件间传值，并验证各种传值的效果，如图2-63所示。

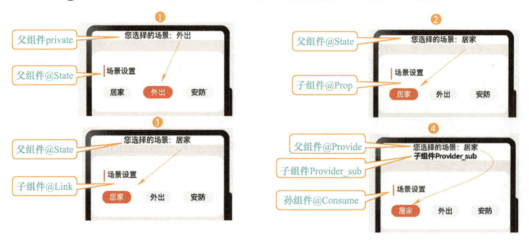

图2-63 组件间的传值效果

1. 创建场景，设置子组件

在ets目录中新建目录view，在view目录中新建ArkTS File文件，名为SceneInfo。在其中定义子组件SceneInfo，在子组件内定义用@State装饰的变量scene，用户选择不同的场景时，对应场景的背景和字体的颜色发生变化。定义子组件时用export default进行导出。代码如下。

```
1. @Component
2. export default struct SceneInfo {
3.     private sceneList = ['居家', '外出', '安防']      //场景列表
4.     @State scene: string = "安防"                    //场景对应的状态变量
5.     //@Prop scene: string //= "安防"                 //场景对应的状态变量
6.     //@Link scene: string
```

```
7.  build() {
8.    Flex({ direction: FlexDirection.Column, alignItems: ItemAlign.Center }) {
9.      Flex({ direction: FlexDirection.Column,
10.        alignItems: ItemAlign.Start, justifyContent: FlexAlign.Start }) {
11.        Flex({ direction: FlexDirection.Row }) {
12.          Divider()                                    //竖向的分割线
13.            .color('#ffef5b1f')
14.            .vertical(true)
15.            .strokeWidth(3)
16.            .height('30')
17.            .margin({ right: 5 })
18.          Text('场景设置').fontSize(20)
19.        }
20.        .margin({ left: '32', top: '36', bottom: '24' })
21.
22.        Flex({ direction: FlexDirection.Row, justifyContent: FlexAlign.SpaceEvenly }) {
23.          ForEach(this.sceneList, item => {
24.            Button(item)
25.              .fontSize('20')
26.              .height('32')
27.              .width('80')
28.              .borderRadius('10')
29.              //选中与未选中时的背景颜色设置
30.              .backgroundColor(this.scene == item ? '#ffef5b1f' : '#0D000000')
31.              //选中与未选中时的字体颜色设置
32.              .fontColor(this.scene == item ? Color.White : Color.Black)
33.              .onClick(() => {
34.                this.scene = item                      //记下选择的场景
35.              })
36.          }, item => item)
37.        }
38.      }
39.      .margin({ top: '30' })
40.      .width('100%')
41.      .height('20%')
42.      .borderRadius('20')
43.      .backgroundColor('#FFFFFF')
44.    }.backgroundColor('#fff1e7e7')
45.  }
46. }
```

2. 父组件向子组件的@State变量传值

在Index.ets中导入子组件SceneInfo，在build()中给Text组件添加事件来实现父组件的场景选择。调用子组件SceneInfo时，使用this.scene_parent传递参数给子组件，代码如下。

```
1. import ScendInfo from '../view/SceneInfo'
2. @Entry
3. @Component
4. struct Index {
5.   private sceneList_parent = ['居家', '外出', '安防']
6.   private scene_parent: string = '外出'
7.   count : number = 0;
8.   build() {
9.     Column() {
10.      Text("您选择的场景："+this.scene_parent).fontSize(20)
11.        .onClick(()=>{
12.          this.count++;
13.          //改变场景选择的值
14.          this.scene_parent = this.sceneList_parent[this.count%3]
15.        })
16.      SceneInfo({scene:this.scene_parent})            //调用场景设置子组件
17.    }
18.    .height('100%')
19.  }
20. }
```

预览应用，如图2-64所示，父组件的值"外出"传递给了子组件。当单击子组件时，子组件的值改变了，但是并没有把改变后的值回传给父组件。

图2-64　父组件向子组件的@State变量传递数据

需要注意的是，上述代码使用private修饰了变量scene_parent的值。如果子组件的状态变量用了@State装饰，则父组件不允许用@State装饰的变量向子组件传值，如果使用了就会报错，如图2-65所示。

3. 子组件用@Prop接收父组件的单向传值

修改子组件SceneInfo，用@Prop装饰变量scene，@Prop装饰的变量在子组件内不能自己初始化。@Prop装饰的变量必须使用其父组件提供的@State变量通过参数进行初始化，在父组件中调用子组件的位置进行修改，用({scene:this.scene_parent})给子组件传值，如图2-66所示。

图2-65　父组件修改为@State时的报错信息

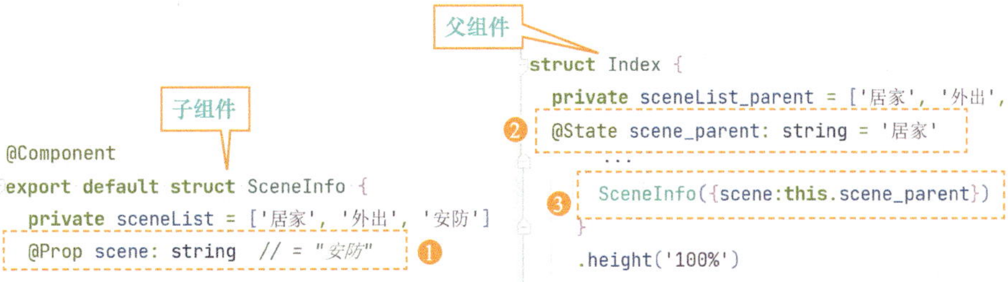

图2-66　修改父子组件的装饰器和调用方法

预览应用，子组件接收到了父组件传的值。改变父组件的值，子组件跟着改变。子组件改变场景的选择，但更改不会通知给父组件，实现了父组件向子组件单向传值，效果如图2-67所示。

图2-67　@Prop装饰的变量的效果

4. 子组件用@Link实现父子间的双向传值

@Link装饰的变量可以和父组件的@State变量建立双向的数据绑定，@Link装饰的变量必须使用其父组件提供的@State变量进行初始化，并且使用$符号初始化，允许组件内部修改@Link变量值且更改会通知给父组件。

修改相关代码，验证@Link实现父子间的双向数据传递，如图2-68所示。

```
                                        struct Index {
            子组件        父组件           private sceneList_parent = ['居家', '外出',
  @Component                              @State scene_parent: string = '居家'
  export default struct SceneInfo {         ...
    private sceneList = ['居家', '外出', '安防']   SceneInfo({scene:$scene_parent})
    @Link scene: string      ①             }
                                          .height('100%')
```

图2-68　用@Link装饰器接收参数

预览应用，子组件接收到父组件传的值。改变父组件的值，子组件跟着改变。子组件改变场景的选择，父组件的值也跟着改变，实现了父子组件间的双向传值，效果如图2-69所示。

图2-69　@Link装饰的变量效果

5. 跨子孙组件间的双向传值

在Index.ets文件的末尾编写子组件Provider_sub，并在其中调用SceneInfo子组件，代码如下。

```
1.  @Component
2.  struct Provider_sub {
3.    build() {
4.      Column() {
5.        Text('子组件Provider_sub').fontSize(20)
6.          .fontWeight(FontWeight.Bold)
7.        SceneInfo()                                    //调用场景设置子组件
8.      }
9.    }
10. }
```

修改SceneInfo子组件中的状态变量为@Consume("scene_val")，修改父组件Index的状态变量为@Provide("scene_val")，在Index组件中调用子组件Provider_sub，实现Index组件通过Provider_sub子组件向SceneInfo孙组件传值，如图2-70所示。

预览应用，孙组件接收到父组件传的值。改变父组件的值，孙组件跟着改变。孙组件改变场景的选择，父组件的值也跟着改变，实现了跨子孙组件间的双向传值，效果如图2-71所示。

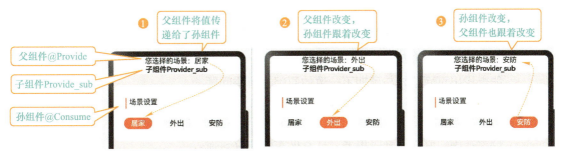

图2-70 修改代码实现跨组件传值

图2-71 跨子孙组件双向传值的效果

任务小结

本任务主要讲解了组件级别的状态变量装饰器的使用，进行了父子/子孙组件间的单向和双向传值，其中，@State用在组件内、@Prop用于父向子单向传值、@Link用于父子间双向传值、@Provide用于跨子孙组件向@Consume的状态变量双向传值。当这些装饰符装饰的状态变量被改变时，将会调用所在组件的build()方法进行UI刷新。

任务9 开发闪屏页

任务描述

本任务使用路由模块和导航组件实现App的闪屏页开发。

学习目标

知识目标

- 了解页面跳转相关知识；
- 了解router跳转并传值；

- 了解router中的常用函数；
- 了解router中的参数；
- 了解接收路由参数；
- 了解Navigator路由容器组件。

能力目标

- 能使用router路由模块实现页面跳转；
- 能使用Navigator导航组件实现页面跳转；
- 能在页面跳转时传递参数；
- 能实现闪屏页的开发；
- 能查找出页面跳转与预期不一致的原因并解决问题。

素质目标

- 培养谦虚、好学、勤于思考、认真做事的良好习惯；
- 具备一定的创新能力，能够在学习和实践中提出新的想法和解决方案，不断开拓新领域。

知识储备

1. 页面跳转

扫码观看视频

使用router页面路由或Navigator路由容器组件，可以跳转到应用内的指定页面并传值。router跳转需要在页面中的某个组件的单击事件中进行，Navigator跳转在被它所包裹的组件内进行。

2. router跳转并传值

使用router页面路由，需要先导入@ohos.router，代码如下。

```
import router from '@ohos.router'
```

router中提供了不同的函数，用于跳转、传值、取值。当需要跳转时，调用router的相关函数，并在函数的参数中指定目的地和参数即可。比如，Index.ets页面中的"跳转"按钮被单击后，要跳转到Second.ets页面，同时传递name和age的值，示例代码如下。

```
1. Button('跳转')
2.   .onClick(() => {
3.     router.pushUrl({                    //跳转到应用内的指定页面
4.       url: "pages/Second",              //通过url指定目标页面Second的路径
5.       params: {                         //传参数
6.         name: '小陆',                    //key为name，值为小陆
```

```
7.         age: 33                                    //key为age，值为33
8.     }
9.   })
10. })
```

url是必选参数，表示目标页面的路径，该页面路径必须在resources→base→profile→main_pages.json中进行过配置。params是可选参数，当需要向目标页面传递参数时使用。

3. router中的常用函数

router提供的常用函数的功能说明如下。

```
1. function pushUrl (options: RouterOptions):void;          //跳转到指定的页面
2. function replaceUrl(options: RouterOptions):void;        //用应用内的某个页面替换当前页面，并销
                                                              毁被替换的页面
3. function back(options?: RouterOptions ):void;            //返回上一个页面或指定页面
4. function clear():void;                                   //清空页面栈里的其他页面
5. function getLength():string;                             //获取当前页面栈里的页面数量
6. function getState():RouterState;                         //获取当前页面的状态信息
7. function getParams(): Object;                            //获取发起跳转的页面往当前页传入的参数
8. }
```

4. router中的参数

在使用页面路由router时，在需要传参时，参数在接口RouterOptions中定义，参数说明如下。

```
1. url: string;//必选,目标页面的路径
2. params?: Object;//可选参数,向目标页面传递参数,用键值对的方式传递
```

> 💡 **注意**
>
> url 所指定的页面路径，必须在 resources → base → profile → main_pages.json 中进行过配置。

5. 接收路由参数

如果跳转时有传递参数，则可在目标页面使用router.getParams()?.["key"]获取，其中key要替换成真正的关键字，示例代码如下。

```
1. import router from '@ohos.router'
2.   //通过router.getParams()?.["key"]接收上一个页面传递的参数
3.   @State name: string = router.getParams()?.["name"]
4.   @State age: number =router.getParams()?.["age"]
```

6. Navigator路由容器组件

Navigator组件也可以进行页面跳转，因为Navigator是一个容器组件，所以在使用时用Navigator组件包裹住子组件，子组件被单击时实现页面跳转并传参。

在"跳转"按钮上，使用Navigator组件跳转到Second页面，同时传递键值对参数，示例

代码如下。

```
1. Navigator({ target: 'pages/Second', type: NavigationType.Push }) {
2.   Button('跳转')
3. }.params({ name: 'abc', age: 23 })
```

target是指定跳转目标页面的路径，type指定路由方式。路由方式由枚举值NavigationType决定，含义如下。

```
1. NavigationType.Push         //默认方式，跳转到应用内的指定页面
2. NavigationType.Back         //返回上一页面或指定的页面
3. NavigationType.Replace      //用应用内的某个页面替换当前页面，并销毁当前页面
```

Navigator的参数只有target和type，但在Navigator的属性中可以设置target、type和params等。

使用Navigator时，在跳转的页面中不需要导入路由模块；在目标页面，如果要获取路由传递过来的参数，则需要导入路由模块，获取参数以及处理参数的类型转换与router的使用一致。

任务实施

本任务使用页面路由router和路由容器组件Navigator完成页面跳转并传值，实现单击可以跳转并跳回，跳转时可以同时传递参数，目标页面接收参数并显示出来，效果如图2-72所示。

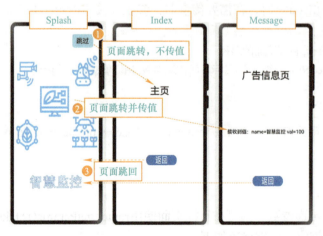

图2-72　页面跳转效果

1. 整理工程资源

本任务在新创建的Project2_Task9工程中实施，将任务需要的图片splash.png放到resources→base→media目录下；在pages目录下新建Splash.ets闪屏页和Message.ets信息页；打开main_pages.json，检查页面路径配置情况；打开entryability目录下的EntryAbility.ts入口文件，找到windowStage.loadContent()方法，将该方法的第一个参数改为"pages/Splash"，经过修改后，当应用运行起来时，就会先加载Splash闪屏页。整理好的工程目录和文件如图2-73所示。

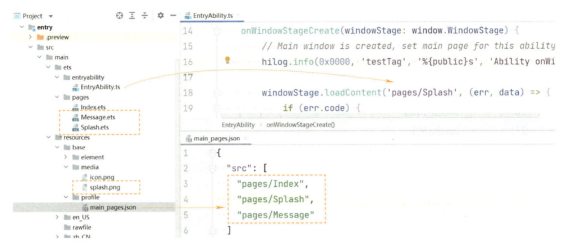

图2-73 整理好的工程目录和文件

2. 使用页面路由实现跳转并传值

App启动的流程一般有经过引导页→启动页或闪屏页→主页的过程。

引导页是指第一次打开App时展示的页面。通过引导页,用户可更加深刻地了解App的功能、亮点与特色,提高用户对App的第一印象,一般引导页不会超过5页。

启动页是指每次打开App的一个过渡画面,主要作用是减少用户等待App打开时而产生的焦虑。

闪屏页用于引导用户单击,与启动页不同的是闪屏页可单击、可跳过、可跳转、展示显示秒数,展示的多为广告、App内的活动。

在Splash闪屏页面文件中编写代码,首先在第1行导入页面路由;接着实现页面效果,整体布局是在Column布局中放置一个Stack布局,在Stack中放置一个铺满屏幕宽高的Image组件,将Text组件叠加到Image组件上,Stack布局顶部居左对齐;最后进行事件处理,给Image组件和Text组件添加单击事件,在事件中使用页面路由实现跳转到指定页面并按需要传递参数。代码如下:

```
1.  import router from '@ohos.router'              //导入路由
2.  @Entry
3.  @Component
4.  struct Splash {
5.    build() {
6.      Column() {
7.        Stack({ alignContent: Alignment.TopEnd }) {   //顶部居右对齐
8.          Image($r("app.media.splash")).width('100%').height('100%')
9.          //给Image组件添加单击事件
10.         .onClick(()=>{
11.           router.pushUrl({
12.             url: "pages/Message",                //跳转的目标页面为Message广告页
13.             params: {                            //传参
14.               name: '智慧监控',                   //key为name,值为"智慧监控"
```

```
15.                val: 100                              //key为 val, 值为100
16.              }
17.           })
18.        })
19.        Text('跳过')
20.           .width('100')
21.           .height(60)
22.           .fontSize(30)
23.           .textAlign(TextAlign.Center)
24.           .backgroundColor("#ff90d5e7")
25.           .border({ radius: 10 })
26.           .margin(10)
27.        //给Text组件添加单击事件
28.           .onClick(() => {
29.             router.pushUrl({
30.               url: "pages/Index"              //跳转的目标页面为Index主页
31.             })
32.           })
33.
34.     }.width('100%').height("100%").margin({ top: 30 })
35.   }.width('100%').height("100%").align(Alignment.Center)
36.   }
37. }
```

在自行修改Index页面和Message页面显示的文字信息后，预览页面，分别单击Image组件和Text组件，观察页面跳转的效果。

3. 使用页面路由实现跳回

在Index页面文件中导入路由、修改页面代码、实现跳回到Splash页面，代码如下。

```
1. import router from '@ohos.router';
2. @Entry
3. @Component
4. struct Index {
5.
6.   build() {
7.     Column() {
8.       Text('主页') .width('50%')
9.          .height(60).fontSize(40)
10.         .textAlign(TextAlign.Center)
11.
12.       Button('返回')
13.          .fontSize(20).width('30%')
14.          .onClick(()=>{
15.            router.back({ //跳回闪屏页
```

```
16.            url: "pages/Splash"
17.          })
18.        })
19.     }.height("100%").width("100%")
20.     .justifyContent(FlexAlign.SpaceEvenly)
21.   }
22. }
```

4. 接收路由参数

在Message页面文件中导入路由、修改页面代码、接收路由参数并显示在页面上、使用页面路由实现跳回到Splash页面，代码如下。

```
1. import router from '@ohos.router';
2. @Entry
3. @Component
4. struct Message {
5.   //接收关键字为name的值
6.   @State name: string =router.getParams()?.["name"]
7.   //接收关键字为val的值
8.   @State val: number =router.getParams()?.["val"]
9.   build() {
10.    Column() {
11.      Text('广告信息页') .width('70%')
12.        .height(100).fontSize(40)
13.        .textAlign(TextAlign.Center)
14.      Text('接收到值：name='+this.name+" val="+this.val) .width('100%')
15.        .height(60).fontSize(20)
16.        .textAlign(TextAlign.Center)
17.      Button('返回')
18.        .fontSize(20).width('30%')
19.        .onClick(()=>{
20.          router.back({                              //返回闪屏页
21.            url: "pages/Splash"
22.          })
23.        })
24.     }.height("100%").width("100%")
25.     .justifyContent(FlexAlign.SpaceEvenly)
26.   }
27. }
```

预览应用，单击Splash页面中的Text组件，可以跳转到Index主页；单击Image组件，可以跳转到Message消息页并成功进行了参数传递；单击Index页面和Message页面中的"返回"按钮，都可以跳回到Splash页面。

5. 使用Navigator实现页面跳转并传值

改写Splash页面中的Image组件的代码，用Navigator路由容器组件实现跳转并传值，代码如下。

```
1. Navigator({ target: 'pages/Message', type: NavigationType.Push }) {
2.    Image($r("app.media.splash"))
3.       .width('100%')
4.       .height('100%')
5. }.params({ name: "智慧监控", val: 100 })
```

再次预览应用，验证跳转和传值情况是否正常。

由于修改了应用运行的首页，因此可以使用模拟器运行应用，则闪屏页将成为应用运行的第一个页面，读者可自行进行测试。

任务小结

本任务主要实现了两种方式的页面跳转：router页面路由在组件的单击事件中完成跳转与传值，Navigator路由容器组件内部包含可跳转的组件。两种使用方式不一样，但结果是一样的。使用router跳转并传递参数时，发起跳转的页面和目标页都需要导入页面路由；使用Navigator时，发起方不需要导入页面路由，目标方如果有接收参数，则需要通过路由获取传递的值，因此需要导入页面路由。

开发引导页

任务描述

App一般在第一次启动时会进入引导页。引导页是用户在首次使用软件时进行产品推介和引导的说明书，用户可在最短的时间内了解这个软件的主要功能、操作方式，以便迅速上手。本任务使用滑块视图容器组件Swiper，配合层叠布局和页面路由，完成引导页的开发。

学习目标

知识目标

- 了解滑块视图容器Swiper；
- 了解Swiper的属性；
- 了解Swiper的事件。

能力目标

- 能正确使用滑块视图容器Swiper；
- 能开发引导页；

- 能从引导页跳转到主页。

素质目标

- 具有正确的编程思路；
- 具有搜索所需信息的能力，而且要能够去伪存真，具备批判性思考能力。

知识储备

扫码观看视频　　扫码观看视频

1. 滑块视图容器Swiper

滑块视图容器Swiper用于提供子组件滑动轮播显示的功能。Swiper包含的每一个子组件都表示一个轮播页面，示例代码如下。

```
1. Swiper() {
2.     //子组件1-页面1
3.     //子组件2-页面2
4.     //子组件3-页面3
5. }
```

2. Swiper的属性

设置Swiper的属性，可以指定默认显示第几个轮播页面、是否自动播放等。常用的属性说明及示例代码如下。

```
1. Swiper() {
2.     //子组件，每一个组件就是一个轮播页面
3. }.width('80%').height(100)
4.     .index(1)             //默认显示第几页，默认值为0，页数从0开始
5.     .autoPlay(true)       //是否自动播放，默认值为false，当设置为自动播放时，导航点无法单击
6.     .interval(1000)       //设置自动播放时播放的时间间隔，单位为毫秒，默认是3000
7.     .indicator(true)      //是否显示导航点指示器，默认显示
8.     .loop(true)           //是否开启循环显示，也就是说，当翻页到最后一页再往下翻页是否会回
                               到第一页，默认开启
9.     .duration(100)        //页面切换的动画时长，单位为毫秒，默认是400
10.    .vertical(false)      //是否竖直翻页，默认是false
```

3. Swiper的事件

当页面切换时会触发onChange事件，在onChange事件的回调方法中可以获取到当前页的下标，示例代码如下。

```
1. Swiper() {
2.     //子组件，每一个组件就是一个页面
3. }
4. .onChange((index: number) => {
5.     //页面切换时回调该方法，index表示当前第几页，页数从0开始
6. })
```

任务实施

本任务综合使用滑块视图容器组件Swiper和层叠布局开发出App必备的引导页。本任务的引导页由3个轮播页面组成,当轮播页面到达第3个页面时出现Button组件,用于跳转到主页,效果如图2-74所示。

图2-74 引导页的效果

1. 整理工程资源

本任务在新创建的Project2_Task10工程中实施,将任务需要的图片s1.png、s2.png、s3.png放到resources→base→media目录下;在pages目录下新建Guide.ets页面;打开entryability目录下的EntryAbility.ts入口文件,找到windowStage.loadContent()方法,将该方法的第一个参数改为pages/Guide,经过修改后,当应用运行起来时,就会先加载Guide引导页。整理好的工程目录和文件如图2-75所示。

图2-75 整理好的引导页的工程目录和文件

2. 实现引导页的轮播功能

对于引导页的布局设计,最外层是一个Column布局,内嵌一个Stack层叠布局,Stack中放置一个Swiper组件和一个Button组件。

在Guide.ets文件中编写代码，为方便后面的操作，先导入路由、添加控制"开始"按钮的显示/隐藏的标志、在Stack层叠容器中放置Swiper组件和Button组件、给Swiper组件添加属性，代码如下。

```
1.  import router from '@ohos.router';
2.  @Entry
3.  @Component
4.  struct Guide {
5.    //控制"开始"按钮的显示/隐藏
6.    @State startFlag: boolean = false;
7.    build() {
8.      Column() {
9.        //层叠容器组件
10.       Stack({ alignContent: Alignment.Bottom }) {
11.         //滑块视图容器组件
12.         Swiper() {
13.           //轮播页1
14.           Image($r("app.media.s1")).width('100%').height('100%')
15.           //轮播页2
16.           Image($r("app.media.s2")).width('100%').height('100%')
17.           //轮播页3
18.           Image($r("app.media.s3")).width('100%').height('100%')
19.         }
20.         .index(0)                            //当前索引为0
21.         .autoPlay(true)                      //开启自动播放
22.         .indicator(true)                     //默认开启指示点
23.         .loop(true)                          //开启循环播放，默认开启循环播放
24.         .interval(4000)                      //设置自动播放时的时间间隔为4s
25.         .vertical(false)                     //横向切换，默认横向切换
26.         //在这里添加Swiper的事件处理
27.
28.         Button('开始')
29.           .width(100).height(60).fontSize(30)
30.           .backgroundColor('#ff66c467')
31.           .border({ radius: 10 }).margin({ bottom: 20 })
32.         //在这里添加Button的事件处理
33.
34.       }
35.       }.height("100%").width("100%")
36.     }
37.   }
```

预览应用，引导页中的3个轮播页面每隔4s进行一次自动切换。

3. 从引导页跳转到主页

目前的引导页有3个，只有页面切换到下标为2的第3个页面时，Button组件才需要出

现。要实现这个功能，可以给Swiper组件添加事件处理，在事件回调方法中获取当前页面的下标，通过下标控制Button组件的出现，并且给Button组件添加单击事件，通过页面路由跳转到Index主页面，代码如下。

```
 1.  //滑块视图容器组件
 2.  Swiper() {
 3.    …
 4.  }
 5.  …
 6.  //在这里添加Swiper的事件处理
 7.  .onChange((index: number) => {
 8.    /**
 9.     * 根据index进行判断，当引导页播放到最后一个页面的时候让"开始"按钮显示，否则不显示
10.     *
11.     */
12.    if (index == 2) {                       //最后一个页面，设置startFlag为true
13.      this.startFlag = true
14.    } else {                                //不是最后一个页面，设置startFlag为false
15.      this.startFlag = false
16.    }
17.  })
18.  // 当startFlag为true时显示"开始"按钮，为false时不显示
19.  if (this.startFlag) {
20.    Text('开始')
21.    …
22.    //在这里添加Button的事件处理
23.    .onClick(() => {
24.      router.pushUrl({
25.        url: "pages/Index"                  //进入到主页面
26.      })
27.    })
28.  }
29. …
```

预览应用，验证当页面切换到最后一页时出现了Button组件。单击Button组件，可成功跳转到Index主页面。

用模拟器运行应用，由于设置了Guide为应用运行的首页，因此，当应用运行起来后，先执行了引导页。

任务小结

本任务介绍了滑块视图容器Swiper的使用，并进行了App常见的引导页的开发。

引导页设计是App的设计重点之一。引导页的设计对于新用户来说是非常重要的，而功能性的升级版本中的引导页也能让老用户快速掌握新升级功能，能起到很好的辅助作用，大大提升了用户体验。

单元2 ArkTS声明式开发

任务11 开发主页

任务描述

本任务讲解App启动流程中主页的开发,使用Tab组件进行主页面的内容视图切换开发。当用户左右滑动屏幕或单击tabBar时,可以在主页中自由切换包含不同业务功能的内容视图页面。

学习目标

知识目标

- 了解页签切换容器组件Tabs;
- 了解Tabs的参数;
- 了解Tabs的页签位置;
- 了解内容视图子组件TabContent;
- 了解Tabs的属性;
- 了解Tabs的事件。

能力目标

- 能构建自定义的tabBar信息;
- 能设置Tabs的属性和事件;
- 能实现主页的页面切换。

素质目标

- 具有正确的编程思路;
- 能够按照规范进行编码,避免产生漏洞和错误。同时,需要具备代码调试和优化能力,能够编写高质量的代码。

知识储备

1. 页签切换容器组件Tabs

页签切换容器组件Tabs的子组件只能是TabContent内容视图。每个TabContent对应的

扫码观看视频　　扫码观看视频

页签图标和文字都用属性tabBar设置，Tabs的控制器和事件可以配合进行页签的切换控制，Tabs的代码结构如图2-76所示。

```
@Entry @Component struct Test {
  private currenIndex: number = 0;
  private controller: TabsController = new TabsController();
  build() {
    Column() {
      Tabs({
        barPosition: BarPosition.End,
        index:0,
        controller: this.controller
      })
      {
        TabContent(){消息页面布局略}
        .size({width: "100%", height: "100%"})
        .tabBar({icon:$r("app.media.icon"),text:"消息"})
        TabContent(){联系人页面布局略}
        .size({width: "100%", height: "100%"})
        .tabBar({icon:$r("app.media.icon"),text:"联系人"})
        TabContent(){动态页面布局略}
        .size({width: "100%", height: "100%"})
        .tabBar({icon:$r("app.media.icon"),text:"动态"})
      }
      .size({width: "100%", height: "100%"})
      .vertical(false)
      //其他属性略
      .onChange((index: number)=>{
        this.currenIndex = index;
      })
    }
    .width('100%').height('100%').padding(10)
  }
}
```

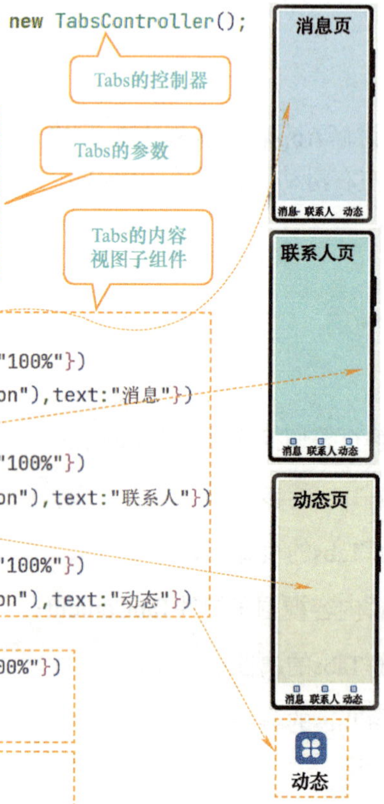

注释：Tabs的控制器、Tabs的参数、Tabs的内容视图子组件

图2-76　Tabs的代码结构

2. Tabs的参数

```
1. private controller: TabsController = new TabsController();
2. …
3.     Tabs({
4.         barPosition: BarPosition.End,    //指定页签位置
5.         index:0,                          //index：指定初次初始页签索引，默认值为0
6.         controller: this.controller       //controller：设置Tabs控制器
7.     })…其他代码略
```

3. Tabs的页签位置

Tabs使用参数barPosition和属性vertical来指定页签出现的位置，示例代码如下。

```
1. Tabs({
2.     // barPosition: BarPosition.Start,    //页签在上部
3.     barPosition: BarPosition.End          //页签在下部
4. }) { …}
5. .vertical(false)    //设置页签是否为左右排列的属性，true为左右，false为上下
```

属性vertical用来设置Tab的排列方式，值为true时表示左右排列，值为false时表示上下排列，默认为false。BarPosition.Start、BarPosition.End和属性vertical配合使用的效果如图2-77所示。

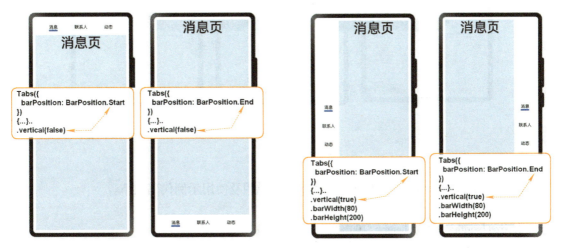

图2-77 页签位置效果

4. 内容视图子组件TabContent

Tabs的内容视图子组件TabContent只在Tabs中使用，使用时不需要传参数，它的tabBar属性用来设置tabBar显示标签，示例代码如下。

```
1. Tabs({ barPosition: BarPosition.End })
2. {
3.    TabContent() {
4.       Column(){ Text('消息页').fontSize(50)}
5.          .width('100%').height('100%').backgroundColor("#ffd1e0ef")
6.    }.size({width: "100%", height: "100%"})
7.    // .tabBar("消息")                                      //直接使用文字
8.    .tabBar({icon:$r("app.media.icon"),text:"消息"})        //使用图标和文字
9. …//其他TabContent略
10. }
11.
```

内容子视图和图文混排的tabBar效果如图2-78所示。

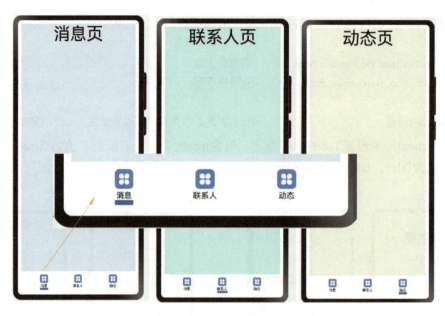

图2-78 内容子视图和图文混排的tabBar效果

5. Tabs的属性

除了位置属性vertical外，Tabs的其他属性的说明及使用示例代码如下。

```
1. Tabs({…}){...}
2. .size({width: "100%", height: "100%"})   //页签的宽高
3. .vertical(true)                          //页签的排列方式
4. .barWidth(80)                            //设置tabBar的宽度值，不设置时使用系统主题中的默认值
5. .barHeight(200)                          //设置tTabBar的高度值，不设置时使用系统主题中的默认值
6. .scrollable(true)                        //是否可以通过滑动进行页面切换，默认为 true，表示可以
                                              滑动切换页面
7. .barMode(BarMode.Scrollable)             //设置tabBar的布局模式，使用实际布局宽度，超过总长度后
                                              可滑动
8. //.barMode(BarMode.Fixed)                //tabBar的布局模式，所有tabBar平均分配宽度
9. .animationDuration(1)                    //设置TabContent的滑动动画时长，默认值为200
```

6. Tabs的事件

Tabs页签切换后触发onChange事件，index表示当前页签的索引，索引从0开始编号，使用Tabs的示例代码如下。

```
1. private currentIndex: number = 0;        //当前页签的索引
2. Tabs({…}){...}
3.   .onChange((index: number)=>{
4.     this.currentIndex = index;
5.   })
```

单元2 ArkTS声明式开发

任务实施

本任务使用Tabs组件开发主页面中的"主页""场景""我的"这3个页签,并实现对应内容页的页面切换,效果如图2-79所示。

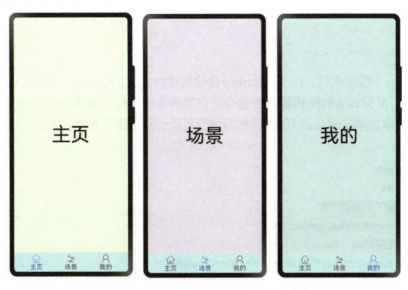

图2-79 "主页""场景""我的"的效果

1. 整理工程资源

本任务在新创建的**Project2_Task11**工程中进行,不管页签是否选中,图标和文字要有变化。选中与未选中的状态可以用不同的图片实现,将任务需要的图片放到**media**目录下,主页的图片资源如图2-80所示。

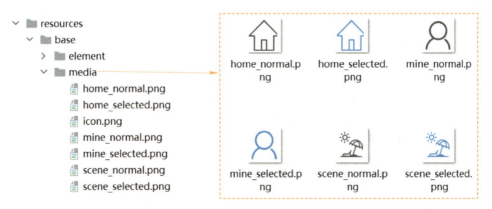

图2-80 主页的图片资源

2. tabBar的布局分析

Tabs中每一个tabBar的布局设计都是一样的,可以通过使用Column布局包裹住一个Image组件和一个Text组件实现,tabBar的布局分析如图2-81所示。

图2-81 tabBar的布局分析

3. 构建自定义的tabBar

在Index.ets中编写代码，使用@Builder快速构建自定义的tabBar，命名为tabBuilder。在tabBuilder中，根据Tabs的控制器返回的当前页签的选中下标，更改选中与未选中时的图标和文字颜色，添加单击tabBar时通过控制器进行页面切换的事件处理。示例代码如下。

```
1.  @Entry
2.  @Component
3.  struct Index {
4.    //当前选中页签的下标
5.    @State currentIndex: number = 0;
6.    //Tabs的控制器
7.    private controller: TabsController = new TabsController();
8.
9.    /**
10.    * 自定义tabBar
11.    * @param name            tabBar文字
12.    * @param normalImage     tabBar未选中时的图标
13.    * @param selectedImage   tabBar选中时的图标
14.    * @param index           tabBar页签索引，0为第1个页签的索引
15.    */
16.    @Builder tabBuilder(name: string,normalImage:Resource,selectedImage:Resource,index: number) {
17.      Column() {
18.        Column() {
19.          Blank()
20.          Image(this.currentIndex == index ?selectedImage : normalImage)
21.            .size({width: 30, height: 30})
22.          Text(name)
23.            .fontSize(20)
24.            .fontColor(this.currentIndex == index ? "#ff1861cf" : "#6b6b6b")
25.          Blank()
26.        }
27.        .height('100%')
28.        .width("100%")
29.        .onClick(() => { //单击tabBar时通过控制器进行页面切换
30.          this.currentIndex = index;
31.          this.controller.changeIndex(this.currentIndex);
```

```
32.            })
33.         }
34.    }
35.
36.    build() {
37.
38.    }
39. }
```

4. 在Tabs中实现主页功能

在Index.ets的build()中编写代码,在Tabs组件中设置3个TabContent,给每个TabContent使用自定义的tabBar,传入选中/未选中时使用的图标和当前tabBar的索引。每个TabContent中的内容组件先用Text组件来模拟。示例代码如下。

```
1. build() {
2.    Tabs({ barPosition: BarPosition.End, controller: this.controller }) {
3.       //第1个页签:"主页"内容视图
4.       TabContent() {
5.          Column() {
6.             Text('主页').fontSize(60)
7.
8.          }.width('100%').height('100%').justifyContent(FlexAlign.Center)
9.           .backgroundColor('#ffeef6e0')
10.      }
11.      .tabBar(this.tabBuilder('主页', $r("app.media.home_normal"), $r("app.media.home_selected"),0))
          //使用自定义的tabBar
12.
13.
14.      //第2个页签:"场景"内容视图
15.      TabContent() {
16.         Column() {
17.            Text('场景').fontSize(60)
18.         }.width('100%').height('100%').justifyContent(FlexAlign.Center)
19.          .backgroundColor('#ffeddbf3')
20.      }
21.      .tabBar(this.tabBuilder('场景', $r("app.media.scene_normal"), $r("app.media.scene_selected"),1))
22.
23.      //第3个页签:"我的"内容视图
24.      TabContent() {
25.         Column() {
26.            Text('我的').fontSize(60)
27.         }.width('100%').height('100%').justifyContent(FlexAlign.Center)
28.          .backgroundColor('#ffc9e2e3')
29.      }
```

```
30.      .tabBar(this.tabBuilder('我的', $r("app.media.mine_normal"), $r("app.media.mine_selected"),2))
31.    }
32.    .onChange((index: number)=>{          //滑动切换页面
33.      this.currentIndex = index;
34.      this.controller.changeIndex(this.currentIndex);
35.      console.info("index="+index)        //输出当前选中项的索引
36.    })
37.    .animationDuration(1)                 //滑动动画时长
38.    .width('100%')
39.    .barHeight(60)                        //tabBar的高度
40.    .barMode(BarMode.Fixed)               //tabBar均分宽度
41.    .backgroundColor('#ffc2f1f1')
42.  }
```

预览应用，左右滑动屏幕，页面可以切换。在页面切换的同时，tabBar的图标和文字也跟着切换。单击tabBar，也能实现页面切换。

任务小结

本任务使用Tabs组件开发了App中常见的主页页面切换，针对每个tabBar，都需要设置选中与未选中时的图标和文字，构建了自定义的tabBar。

至本任务为止，App的启动流程基本实现，读者可以将任务9、任务10、任务11融合起来，并在App的启动流程中添加是否是第1次启动的判断。如果是，再出现引导页，否则直接出现闪屏页。完善了这些流程，才算是完成了一个App的启动流程的功能开发。

展示列表与网格数据

任务描述

本任务讲解List列表组件、Grid网格组件的使用，并配合Scroll滚动列表实现列表数据展示和网格数据展示。

学习目标

知识目标

- 了解Scroll滚动容器的相关概念和使用；
- 了解List滚动列表的相关概念和使用；

- 了解Grid滚动网格的相关概念和使用。

能力目标

- 能正确使用Scroll滚动容器；
- 能实现List列表数据的循环渲染；
- 能实现Grid网格数据的循环渲染。

素质目标

- 能够提出新的想法和解决方案，具备创新能力和开拓精神；
- 培养可持续发展能力：利用书籍或网络上的资料帮助解决实际问题。

知识储备

扫码观看视频　扫码观看视频　扫码观看视频　扫码观看视频

1. Scroll滚动容器

Scroll是可滚动的容器类组件，它最多包含一个子组件。当子组件的布局尺寸在指定的滚动方向上超过父组件Scroll的视图窗口时，子组件可以滚动。Scroll的滚动方向只支持水平滚动和竖直滚动，使用的示例代码如下。

```
1. Scroll() {
2.   Column() {
3.     //子组件
4.   }.height("100%")
5. }.scrollable(ScrollDirection.Vertical)    // 竖直滚动
6.  .scrollBarColor(Color.Green)             // 设置滚动条颜色
7.  .scrollBarWidth(20)                      // 设置滚动条宽度
8.  .scrollBar(BarState.On)                  // 设置滚动条永久显示
```

Scroll支持的属性说明如下。

- scrollable：设置Scroll的滚动方向，通过枚举ScrollDirection提供以下3种滚动方向。
  - Vertical（默认值）：仅支持竖直方向滚动。
  - Horizontal：仅支持水平方向滚动。
  - None：不可滚动。子组件即使超界了，也不能滚动。
- scrollBar：设置滚动条状态，通过枚举BarState定义以下3种状态。
  - Off：不显示滚动条。
  - On：一直显示滚动条。
  - Auto：按需显示（触摸时显示，2s后消失）。
- scrollBarColor、scrollBarWidth：设置滚动条的颜色和宽度。

2. List滚动列表

List列表组件用来包含一系列相同宽度的列表项（子组件），按照水平或者竖直方向线性排列子组件，如图2-82所示。

图2-82　List列表组件的效果

ListItem是List中的子组件。使用List时，通常配合循环渲染ListItem子组件，示例代码如下。

```
1. List()
2. {
3.   ForEach(数据存放的数组或集合, (item: string) => {
4.     ListItem() {                              //List的子组件
5.       // ListItem布局
6.     }...
7.   })
8. }
```

（1）List的属性

List列表组件常用的属性有方向、分割线等，示例代码如下。

```
1. List()
2. {ListItem子组件}
3.   .listDirection(Axis.Vertical)               //设置子组件竖直方向排列
4.   .edgeEffect(EdgeEffect.Spring)              //滑动到边缘时的动画效果
5.   .divider({
6.     strokeWidth: 2,                           //设置分割线宽度
7.     color: Color.Green                        //设置分割线颜色
8.   })
```

（2）List的事件

List的事件通过回调方法实现，部分事件的代码如下。

```
1. declare class ListAttribute<T> extends CommonMethod<T> {
2.   …
3.   onReachStart(event: () => void): T;         //滚动到顶部触发
4.   onReachEnd(event: () => void): T;           //滚动到底部触发
5. }
```

3. Grid滚动网格

Grid与List相似，GridItem是Grid的唯一子组件。Grid指定行和列上的GridItem子组件的展示个数，并且可以调整每一个GridItem所占的行宽和列高，效果如图2-83所示。

与List一样，Grid通常配合循环渲染子组件GridItem，使用的示例代码如下。

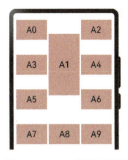

图2-83　Grid网格的效果

```
1. Grid() {
2.   ForEach(数据存放的数组或集合, (item, index) => {    // ForEach语法
3.     GridItem() {
4.       //GridItem布局
5.     }
6.   })
7. }
```

（1）Grid的属性

Grid使用属性rowsTemplate指定行数，使用属性columnsTemplate指定列数，示例代码如下。

```
1. Grid() {
2.   ...
3. }
4. .columnsTemplate("1fr 1fr 1fr 1fr")    // Grid宽度均分成4份
5. .rowsTemplate("1fr 1fr 1fr")           // Grid高度均分成3份
6. .rowsGap(10)                           // 设置行间距
7. .columnsGap(10)                        // 设置列间距
```

Grid的行数和列数默认值都是1fr，表示1行或1列。"1fr 1fr 1fr 1fr"表示设置Grid为4列，每列均分宽度或高度；"1fr 4fr 2fr 1fr"表示设置Grid为8列，把宽度或高度分成8份，4fr表示占4份。

（2）GridItem的属性

子组件GridItem常用属性的示例代码如下。

```
1. GridItem() {…
2. }
3. .rowStart(0)        //设置当前 GridItem的起始行号
4. .rowEnd(2)          //设置当前 GridItem的结束行号
5. .columnStart(4)     //设置当前 GridItem的起始列号
6. .columnEnd(5)       //设置当前 GridItem的结束列号
```

如果Grid为3列，并且设置GridItem的行从0开始到2结束，那么GridItem就占满3行布局。

任务实施

本任务完成列表数据和网格数据的展示，并将List和Grid包裹在Scroll滚动组件中，效果如图2-84所示。

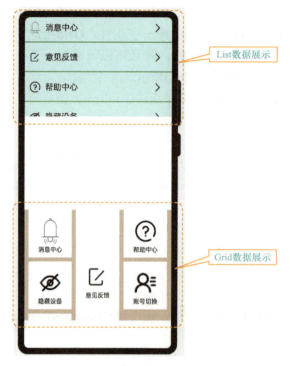

图2-84 列表和网格的展示效果

1. 整理工程资源

本任务在任务7（渲染组件）的基础上完成，使用到任务7定义的实体数据类和数据源。将Project2_Task7工程复制一份，并重命名为Project2_Task12。在Project2_Task12中修改代码，完成任务要求。

2. 实现列表数据的展示

List的列表中ListItem子组件对应的布局，可以使用任务7中已经实现的MyItem自定义组件。

修改Index.ets中的代码，整体布局的最外层是一个Column，内部用Scroll滚动组件包裹住List组件，使用List组件实现列表数据的展示。示例代码如下。

```
1. import MyItem from '../view/MyItem'
2. import DataModel from "../model/DataModel"           //导入实体类
3. import initData from '../viewmodel/MyDataViewModel'  //导入数据源
4. @Entry
5. @Component
6. struct Index {
7.   @State message: string = 'Hello World'
8.   //定义变量接收数据源
9.   @State datas: Array<DataModel> = initData();
10.  //datas: Array<DataModel>
```

```
11.    //在组件的生命周期中进行数据源的初始化
12.    aboutToAppear(){
13.       //this.datas = initData();
14.    }
15.    onPageShow(){
16.       // this.datas = initData();
17.       console.log("页面Index出现了...");
18.    }
19.    onPageHide(){
20.       console.log("页面Index隐藏了...");
21.    }
22.    onBackPress(){
23.       console.log("用户按了退出键...");
24.    }
25.
26.    build() {
27.       Column()
28.       {
29.          //List组件
30.          Scroll(){
31.
32.             List({space:20,initialIndex:0})
33.             {
34.                //通过循环加载每一个ListItem项
35.                ForEach(this.datas,(item,index)=>{
36.                   ListItem(){
37.                      MyItem({image:item.imageSrc,text:item.textVal})
38.                   }
39.                })
40.             }
41.             .listDirection(Axis.Vertical)              //排列方式
42.             // .divider({strokeWidth:2,color:Color.Green})   //分割线
43.             }.height("30%").width("100%").margin({bottom:20})
44.             .backgroundColor("#ffc1eeee")
45.
46.          Blank()
47.          //Grid组件
48.       }
49.    }
50. }
```

使用模拟器运行应用，查看列表的效果。滚动列表，在日志信息区域查看List事件的回调信息，List列表的事件输出如图2-85所示。

图2-85 List列表的事件输出

3. 自定义GridItem项布局组件

在ets→view目录下创建MyGridItem.ets文件，用于定义GridItem的布局。GridItem的布局由一个Column组成，内嵌一个图片组件和文字显示组件，如图2-86所示。

在MyGridItem.ets中编写代码，并用export default导出组件，示例代码如下。

图2-86 GridItem子组件的布局

```
1. @Preview
2. @Component
3. export default struct MyGridItem {
4.     @State t_imageSrc: Resource = $r("app.media.icon")
5.     @State t_title: string = "消息中心"
6.     build() {
7.         Column(){
8.             Image(this.t_imageSrc)
9.                 .height(60)
10.                .aspectRatio(1)
11.                .renderMode(ImageRenderMode.Original)
12.            Text(this.t_title)
13.                .fontSize(15).margin({top:5})
14.        }.height(120).width('100%').margin({top:20})
15.    }
16. }
```

4. 实现网格数据的展示

在Index.ets文件中导入MyGridItem组件，添加用Scroll组件包裹住的Grid组件，实现网格数据的展示，示例代码如下。

```
1. …
2. //导入MyGridItem组件
3. import MyGridItem from '../view/MyGridItem';
4.
```

```
5.  @Entry
6.  @Component
7.  struct Index {
8.    …
9.    build() {
10.     Column() {
11.       …
12.       //在这里添加Grid网格组件
13.       Scroll() {
14.         Grid() {
15.           //循环加载列表
16.           ForEach(this.datas, (item, index) => {
17.             GridItem() {
18.               MyGridItem({ t_imageSrc: item.imageSrc, t_title: item.text })
19.             }
20.             .width('100%')
21.             .height('100%')
22.             .backgroundColor(Color.White)
23.             .rowStart(index == 1 ? 0 : 0)      // 设置第2个GridItem布局从第0行开始
24.             .rowEnd(index == 1 ? 2 : 0)        // 设置第2个GridItem布局到第2行结束，即占满3行
25.           })
26.         }
27.         .padding({ left: 10, right: 10 })
28.         .columnsTemplate("1fr 1fr 1fr")        // Grid宽度均分成3份
29.         .rowsTemplate("1fr 1fr 1fr 1fr 1fr")   // Grid高度均分成5份
30.         .rowsGap(10)                           //设置行间距
31.         .columnsGap(10)                        //设置列间距
32.         .width('100%')                         //Grid的宽度
33.         .height(600)                           //Grid的高度
34.       }.width('100%').height(260)              //Scroll滚动条的高度
35.       .margin({top:200})
36.       .backgroundColor('#ffd7baa3').padding({ top: 20 })
37.     }
38.   }
39. }
```

预览应用，查看Grid的展示和滚动效果。读者可尝试将代码中的Scroll组件删除，再预览应用，查看效果。

任务小结

本任务使用List组件和Grid组件开发了App中常见的列表项和网格项的数据展示，从类的定义、类的导出、数据源、展示单个数据的自定义组件、用循环进行组件的渲染，到用

滚动组件包裹住List和Grid组件，完成了列表和网格数据展示的完整开发过程。列表和网格展示是App中常见的功能，读者需要重点掌握开发技巧。

任务13 开发自定义的时间弹窗

任务描述

自定义的弹窗在App开发中的应用很广泛，本任务使用日期/时间选择器组件和自定义的对话框组件实现自定义的时间弹窗的开发。

学习目标

知识目标

- 了解日期选择器DatePicker组件的相关概念和使用；
- 了解时间选择器TimePicker组件的相关概念和使用；
- 了解自定义对话框的相关概念和使用。

能力目标

- 能正确使用日期选择器组件；
- 能正确使用时间选择器组件；
- 能实现自定义对话框的组件开发；
- 能实现时间弹窗的开发。

素质目标

- 培养团队协作能力：相互沟通、互相帮助、共同学习、共同达到目标；
- 提升自我展示能力：讲述、说明、表述和回答问题；
- 培养可持续发展能力：利用书籍或网络上的资料帮助解决实际问题。

知识储备

1. 日期选择器DatePicker组件

DatePicker组件是选择日期的滑动选择器组件，默认以1970-1-1—2100-12-31的日期区间创建滑动选择器，当日期变化时会触发onChange事件回调，效果如图2-87所示。

图2-87 日期的显示效果

DatePicker的使用示例代码如下。

```
1. DatePicker({
2.    start: new Date('2000-1-1'),           //设置开始时间
3.    end: new Date('2030-1-1')              //设置结束时间
4. })
5.   .lunar(false)                           //设置显示农历
6.   .onChange((date) => {                   //设置事件回调
7.     console.log('selected time：${date.year}年${date.month+1}月${date.day}日') //月份从0开始，实际月份要+1
8. })
```

2. 时间选择器TimePicker组件

TimePicker组件是选择时间的滑动选择器组件，默认以00:00—23:59的时间区间创建滑动选择器，当时间变化时会触发onChange事件回调，效果如图2-88所示。

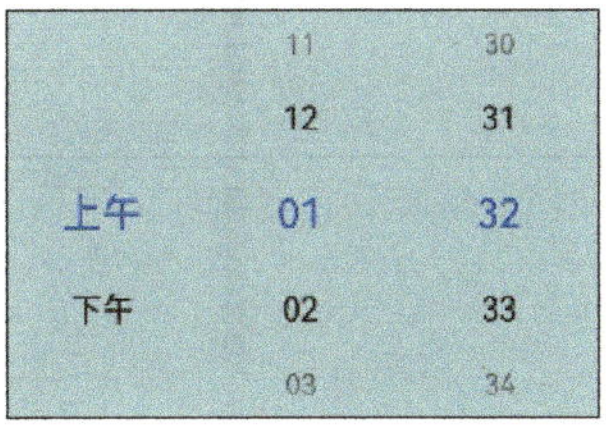

TimePicker的使用示例代码如下。

图2-88 时间的显示效果

```
1. TimePicker({selected: new Date()})         // 设置默认当前时间
2.   .width(300) .height(200) .backgroundColor('#ffafcfd4')
3.   .onChange((date:TimePickerResult)=>{
4.     console.log(`selected time：${date.hour}时${date.minute}分`)
5. })
```

3. 自定义对话框

ArkTS提供了AlertDialog弹框，但AlertDialog只能弹出消息（AlertDialog的使用请自行查阅源码说明），不能自定义弹框内部的UI。如果想自定义弹框内部的UI，那么需要用到自定义的对话框。ArkTS提供了CustomDialogController类，用于控制自定义对话框的打开和关闭，还提供了CustomDialogControllerOptions类，用于设置自定义对话框的常用参数，说明如下。

扫码观看视频

```
1. //自定义对话框
2. declare class CustomDialogController {
3.    //自定义对话框的构造方法
4.    constructor(value: CustomDialogControllerOptions);
5.    open();                                 // 打开对话框
6.    close();                                // 关闭对话框
7. }
8.
9. //自定义对话框常用参数的定义
10. declare interface CustomDialogControllerOptions {
11.    builder: any;                          //对话框内部自定义UI的构造器
12.    cancel?: () => void;                   //单击蒙层(对话框外部)的事件回调
13.    autoCancel?: boolean;                  //单击蒙层(对话框外部)是否自动关闭对话框
14.    alignment?: DialogAlignment;           //对话框在竖直方向上的对齐方式
15.    …
16. }
```

任务实施

本任务综合使用自定义的对话框、日期选择器、时间选择器及条件渲染进行自定义的时间弹窗开发，效果如图2-89所示。

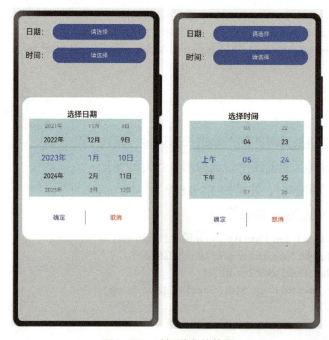

图2-89 时间弹窗的效果

1. 整理工程资源

本任务在新创建的 **Project2_Task13** 工程中实施，自定义的对话框组件 **MyDialog** 在 ets→view 目录下创建，工程的目录结构和文件如图2-90所示。

2. 实现自定义的对话框

本任务要实现的自定义对话框 **MyDialog** 组件，标题由调用者传入，提供"确定"和"取消"按钮，对话框内部的UI在使用时根据场景进行设计。MyDialog组件的预览效果如图2-91所示。

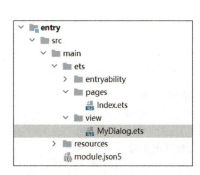

图2-90 自定义对话框的工程目录结构和文件

图2-91 MyDialog组件的预览效果

在MyDialog.ets文件中编写自定义的对话框组件，并用export default导出，依据传递过来的title的条件值决定渲染的是日期还是时间选择器，并处理自定义对话框的"确定"和"取消"的按钮事件，在事件中关闭对话框，实现图2-92所示的效果。

自定义对话框的代码如下。

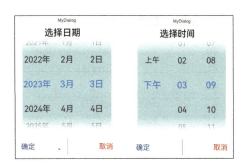

图2-92　在对话框中加载不同UI的效果

```
1.  @Preview
2.  @CustomDialog
3.  export default struct MyDialog {
4.    private controller: CustomDialogController
5.    @State  title: string = "请选择："
6.    build() {
7.      Column() {
8.        Text(this.title)                        //自定义对话框的标题
9.          .width(100)
10.         .fontSize(20)
11.         .fontColor(Color.Black)
12.         .fontWeight(FontWeight.Medium)
13.        //对话框内部的UI设计
14.        if (this.title.match("选择日期")) {       //条件渲染
15.          DatePicker({
16.            start: new Date('2000-1-1'),        //设置开始时间
17.            end: new Date('2030-1-1')           //设置结束时间
18.          })
19.            .width(300)
20.            .height(200)
21.            .backgroundColor('#ffafcfd4')
22.            .lunar(false)                       //设置显示农历
23.            .onChange((date) => {               //获取选择的日期
24.              console.info(date.year + "年" + (date.month + 1) + "月" + date.day + "日")
25.            })
26.        }
27.        else if (this.title.match("选择时间")) {
28.          TimePicker({ selected: new Date() })  // 设置默认当前时间
29.            .width(300)
30.            .height(200)
31.            .backgroundColor('#ffafcfd4')
32.            .onChange((date) => {               //获取选择的时间
33.              console.info(date.hour + "时" + date.minute + "分")
34.            })
35.        }
36.        //对话框内部的"确定"和"取消"按钮
37.        Row() {
```

```
38.        Button() {
39.          Text('确定')
40.            .fontColor(Color.Blue)
41.            .fontSize(16)
42.        }
43.        .layoutWeight(7)
44.        .backgroundColor(Color.White)
45.        .margin(5)
46.        .onClick(() => {
47.          this.controller.close()           //关闭对话框
48.        })
49.
50.        Text()
51.          .width(1).height(35)
52.          .backgroundColor('#8F8F8F')
53.        Button() {
54.          Text('取消')
55.            .fontColor(Color.Red)
56.            .fontSize(16)
57.        }
58.        .layoutWeight(7)
59.        .backgroundColor(Color.White)
60.        .margin(5)
61.        .onClick(() => {
62.          this.controller.close()           //关闭对话框
63.        })
64.      }
65.      .width('100%')
66.      .margin({ top: '5%' })
67.    }
68.    .padding('5%')
69.  }
70. }
```

3. 实现时间弹窗

在Index.ets页面文件中导入自定义的对话框组件，分别用不同的自定义对话框控制器传入不同的参数值，并且在日期和时间的选择按钮上打开对应的对话框，代码如下。

```
1. import MyDialog from '../view/MyDialog';
2. @Entry
3. @Component
4. struct Index {
5.   //定义日期弹出框
6.   private dateController: CustomDialogController = new CustomDialogController({
7.     builder: MyDialog({title:'选择日期'}),
8.     autoCancel: true                         //单击蒙层可以关闭对话框
9.   })
```

```
10.    //定义时间弹出框
11.    private timeController: CustomDialogController = new CustomDialogController({
12.       builder: MyDialog({title:'选择时间'}),
13.       autoCancel: true                          //单击蒙层可以关闭对话框
14.    })
15.    build() {
16.       Column({space:20}) {
17.          Row({space:10})
18.          {
19.             Text('日期：').fontSize(20)
20.             Button('请选择').fontSize(15).layoutWeight(1)
21.                .onClick(() => {
22.                   //打开对话框
23.                   this.dateController.open()
24.                })
25.          }
26.          Row({space:10})
27.          {
28.             Text('时间：').fontSize(20)
29.             Button('请选择').fontSize(15).layoutWeight(1)
30.                .onClick(() => {
31.                   //打开对话框
32.                   this.timeController.open()
33.                })
34.          }
35.       }.alignItems(HorizontalAlign.Center)
36.       .justifyContent(FlexAlign.Start)
37.       .height('100%').width('100%')
38.       .padding(20)
39.    }
40. }
```

预览应用，分别单击日期和时间选择按钮，在出现的对话框中进行日期和时间的选择，观察预览日志是否会得到选择的对应的日期和时间值，如图2-93所示。

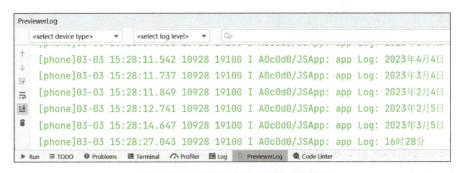

图2-93　日期和时间选择的预览结果

本任务只是实现了日期和时间选择器在对话框中的出现,并且只在日志中将选择的值进行了打印。读者可以利用组件间传值的知识,将选择好的日期和时间传递到页面上。

任务小结

本任务介绍了自定义对话框的使用,从构建自定义的对话框组件,到调用对话框组件,再到通过条件渲染,进行选择性改变对话框内部的UI结构,这些都是自定义对话框中必须要掌握的关键技术点。在实际开发过程中,对话框的用途很广泛,自定义对话框的内部UI也会跟着实际的应用场景不同而改变,希望读者能从本任务中得到启发。

任务14 使用动画

任务描述

本任务基于ArkUI开发框架提供的丰富的动画能力介绍显式动画、组件内的转场动画、页面间的转场动画使用。

学习目标

知识目标

- 了解显式动画的相关概念和使用;
- 了解组件内的转场动画的相关概念和使用;
- 了解页面间的转场动画的相关概念和使用。

能力目标

- 能正确使用显式动画;
- 能实现组件内的转场动画;
- 能实现页面间的转场动画。

素质目标

- 培养谦虚、好学、勤于思考、认真做事的良好习惯:
- 能够与团队成员、项目经理等进行有效的沟通,能够清晰地表达自己的想法和意见,同时能够准确地理解他人的需求和问题。

知识储备

扫码观看视频　扫码观看视频　扫码观看视频　扫码观看视频

1. 显式动画

ArkUI开发框架提供了全局animateTo显式动画接口，通过在闭包中修改代码来指定过渡的动画效果。animateTo的配置语法说明如下。

```
1. animateTo(
2.     //设置动画效果相关参数
3. value: AnimateParam,
4.     //指定显式动画效果的闭包函数
5. event: () => void
6. ): void
```

animateTo的动画效果使用枚举类AnimateParam来设置。枚举类AnimateParam的参数说明如下。

```
1. declare interface AnimateParam {
2.     duration?: number;              //执行时间
3.     tempo?: number;                 //播放速度，0为不播放
4.     curve?: Curve | string | ICurve; //动画曲线
5.     delay?: number;                 //动画延迟执行的时长，0为不延时
6.     iterations?: number;            //执行次数，-1表示一直执行动画
7.     playMode?: PlayMode;            //播放模式，默认播放完成后从头开始播放
8.     onFinish?: () => void;          //动画播放完时执行该回调方法
9. }
```

使用animateTo的示例代码如下。

```
1. animateTo({
2.     duration: 1000,                 //执行时间
3.     ... //按需要设置各项参数
4.     onFinish:()=>{
5.         //todo
6.     }
7. }, ()=> {//todo })
```

2. 组件内的转场动画

ArkUI开发框架提供了组件内转场动画，通过transition属性配置转场参数，主要用于容器组件中的子组件插入和删除时显示过渡动画效果，动画效果时长、曲线、延时可以跟随animateTo中的配置。

扫码观看视频　扫码观看视频

组件内转场的transition属性的配置语法如下。

transition(value: TransitionOptions)

参数TransitionOptions的常用配置说明如下。

- TransitionType：默认包括组件的新增和删除，不指定Type时，说明插入和删除使用同一种效果；

- translate：设置组件转场时的平移效果；
- rotate：设置组件转场时的旋转效果；
- scale：设置组件转场时的缩放效果；
- opacity：设置组件转场时的透明度效果。

枚举类TransitionType的说明如下。

```
1. declare enum TransitionType {
2.    All,                           //默认值，插入和删除使用同一种效果
3.    Insert,                        //插入时的动画效果
4.    Delete                         //删除时的动画效果
5. }
```

以Image组件的显示和消失配置为例，插入（组件显示）和删除（组件消失）过渡效果的示例代码如下。

```
1. Image($r('app.media.love'))
2.   //组件插入时的动画效果
3.   .transition({ type: TransitionType.Insert, scale: { x: 0, y: 1.0 } })
4.   //组件删除时的动画效果
5.   .transition({ type: TransitionType.Delete, rotate: { angle: 180 } })
```

3. 页面间的转场动画

ArkUI开发框架提供了页面间的转场动画，可以划分为页面转场动画和共享元素转场动画，这里以页面转场动画为例做说明。

页面转场动画是指页面在打开或者关闭时添加的动画效果，需要在全局pageTransition()方法内配置页面入场动画PageTransitionEnter和页面退场动画PageTransitionExit，示例代码如下。

```
1. //全局方法
2. pageTransition() {
3.   //页面入场效果
4.   PageTransitionEnter({
5.     duration: 1200,             //动画时长
6.     … //其他动画参数设置
7.   })
8.   //页面入场时的事件回调，其中，progress的取值范围为[0 ~ 1]
9.   .onEnter((type?: RouteType, progress?: number) => {
10.    ...
11.  })
12.  //页面出场效果
13.  PageTransitionExit({
14.    … //动画参数设置
15.  })
16.  //页面入场时的事件回调，其中，progress的取值范围为[0 ~ 1]
17.  .onExit((type?: RouteType, progress?: number) => {
18.    ...
19.  })
20. }
```

onEnter()和onExit()中的RouteType用来设置页面的路由类型，可以选择None、Push和Pop类型。Pop是指重定向指定页面，Push是指跳转到下一页面，None是指页面未重定向。

页面的入场动画效果PageTransitionEnter和退场动效PageTransitionExit使用组件的公共样式，一般会在页面布局的最外层使用以下4个属性方法来设置。

- 第1个：用.slide()属性方法来设置页面入场或者退场的方向效果，其SlideEffect枚举类参数为：Left表示设置入场时滑入和滑出的方向是左边；Right表示设置入场时滑入和滑出的方向是右边；Top表示设置入场时滑入和滑出的方向是上边；Bottom表示设置入场时滑入和滑出的方向是下边。
- 第2个：用.translate()属性方法来设置页面转场时的平移效果。
- 第3个：用.scale()属性方法来设置页面转场时的缩放效果。
- 第4个：用.opacity()属性方法来设置入场的起点透明度值或者退场的终点透明度值。

任务实施

本任务完成显式动画、组件内的转场动画、页面间的转场动画的设置，效果如图2-94所示。

图2-94 动画设置的效果

1. 整理工程资源

本任务在新创建的Project2_Task14工程中进行，将任务需要的图片放到media目录下，如图2-95所示。

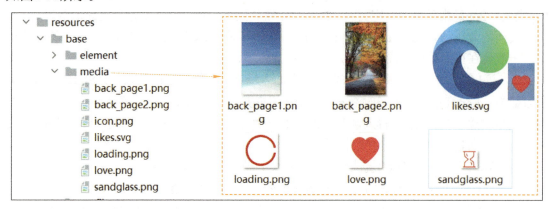

图2-95 动画的图片资源

2. 页面整体布局设计与开发

页面整体布局用Stack层叠布局实现，Stack的对齐方式采用默认的居中对齐。Stack内放置一个Image组件和一个Column布局容器组件，在Column内再放置Button按钮组件等，组件树如图2-96所示。

图2-96 动画页面的组件树

在Index.ets文件中编写代码实现整理布局设计，为了后续操作方便，先导入路由，定义本任务需要的状态变量，给组件添加单击事件，代码如下。

```
1. import router from '@ohos.router';
2. @Entry
3. @Component
4. struct Index {
5.    //显式动画的显示与隐藏标志
6.    @State showFlag: boolean = false
7.    //love图片的显示与隐藏标志
8.    @State visible: boolean = false
9.
10.   //设置页面转场时的缩放效果
11.   @State pageScale: number = 1
12.   //设置入场的起点透明度值或者退场的终点透明度值
13.   @State pageOpacity: number = 1          //1为不透明
14.
15.   build() {
16.     Stack() {
17.       Image($r("app.media.back_page1"))
18.         .width('100%').height('100%')
19.         .objectFit(ImageFit.Fill)
20.       Column({ space: 30 }) {
21.
22.         Button("显式动画")
23.           .width("80%").height(50).fontSize(20)
24.           .onClick(() => {
25.             this.showFlag = !this.showFlag
26.           })
27.         if (this.showFlag) {
28.           //1.在这里添加"显式动画"
29.         }
30.         Row() {
31.           Text("组件转场动画：").fontSize(20).width(200)
32.           Image($r("app.media.likes")).width(40).height(40)
33.             .fillColor(this.visible ? Color.Red : Color.Black)
34.           //2.在这里添加"组件转场动画"
35.         }.width("100%").justifyContent(FlexAlign.Center)
36.
37.         Button("页面转场动画：跳转到Index2")
38.           .height(50).fontSize(20)
39.           .onClick(() => {
40.             router.pushUrl({ url: 'pages/Index2' })
41.           })
42.       }
```

```
43.    }.width("100%")
44.     .height("100%")
45.    //3.1 在这里添加 "设置页面x轴方向上的缩放比"
46.    //3.2 在这里添加 "设置页面透明度"
47.    }
48.    //3.3 在这里添加 "页面入场和出场的动画效果"
49.  }
```

预览应用，查看页面效果是否与预期的一致。

3. 实现显式动画

在ets目录下创建view目录，在view目录下创建AttrAnimation.ets文件，在AttrAnimation.ets文件中创建AttrAnimation组件，使用显式动画实现加载中的动画效果。整体布局是最外层使用Column，内部放置Stack层叠布局和一个Text组件，Stack中叠放两个图片loading.png和sandglass.png，组件树如图2-97所示。

图2-97　显示动画中的组件树

在AttrAnimation组件中定义图片旋转角度的状态变量，当图片组件出现后，每间隔2s执行一次显式动画的效果并导出组件，代码如下。

```
1.  @Preview
2.  @Component
3.  export default struct AttrAnimation {
4.    //沙漏图片旋转角度，一开始要从0° 开始
5.    @State angle:number = 0
6.    //外圆图片旋转角度，一开始要从0° 开始
7.    @State loadingAngle:number = 0
8.    build() {
9.      Column() {
10.       Stack({alignContent:Alignment.Center}) {
11.         Image($r("app.media.sandglass")).width(25).height(25)
12.         //沙漏图片的旋转角度由angle状态变量控制，x、y、z都是默认值
13.         .rotate({ x: 0, y: 0, z: 1, angle: this.angle })
14.         //当Image显示完成时触发onAppear监听事件
```

```
15.         .onAppear(()=> {
16.             //设置每2s执行一次动画效果
17.             setInterval(()=> {
18.                 //设置显示动画效果
19.                 animateTo({
20.                     duration: 1000,              //执行时间
21.                     iterations: 1,               //执行次数为1
22.                     tempo: 1,                    //播放速度为1,0为不播放
23.                     curve: Curve.Linear,         //动画曲线为线性
24.                     delay: 0,                    //动画延迟执行的时长,0为不延时
25.                     playMode: PlayMode.Normal    //播放模式,默认播放完成后从头开始播放
26.                 },
27.                 //event事件,在动画执行前就执行该事件方法
28.                 //显示动画效果的闭包函数
29.                 ()=> {this.angle += 360})
30.             }, 2000)
31.         })
32.     Image($r("app.media.loading")).width(70).height(70)
33.         .rotate({angle: this.loadingAngle})
34.         .onAppear(()=> {
35.             animateTo({
36.                 duration: 2000,
37.                 iterations: -1,
38.                 tempo: 1,
39.                 curve: Curve.Linear,
40.                 delay: 0,
41.                 playMode: PlayMode.Reverse,
42.             }, ()=> {this.loadingAngle += 360})
43.         })
44.     }
45.     Text("加载中...").fontSize(20).fontColor("#fff50808")
46.     }.padding({top:20, bottom:20})
47.   }
48. }
```

修改Index.ets文件的内容,在第一行导入AttrAnimation组件,并在"显式动画"按钮的条件渲染中进行调用,修改的部分代码如下。

```
1. import AttrAnimation from '../view/AttrAnimation'
2. …
3. if (this.showFlag) {
4.     //1.在这里添加"显式动画"
5.     AttrAnimation()      //显式动画
6. }
```

预览应用，单击"显式动画"按钮，观察显式动画的效果，再次单击按钮，动画消失，如图2-98所示。

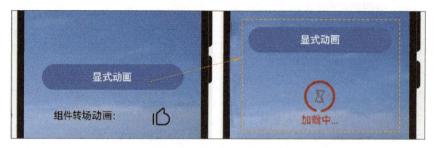

图2-98　显式动画的效果

4．实现组件转场动画

在Index.ets文件中，实现单击likes（点赞）图片时love（爱心）图片的插入和删除的组件转场动画效果，如图2-99所示。

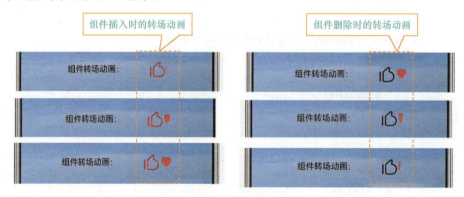

图2-99　组件转场动画的效果

修改Index组件中的代码，给likes（点赞）图片添加触摸事件。当单击时，likes（点赞）图片使用显式动画，并控制love（爱心）图片的出现与隐藏标志。当love（爱心）图片添加到Row组件中时，实现组件的转场动画。修改Row组件中的部分代码，代码如下。

```
1.  Row() {
2.    Text("组件转场动画：").fontSize(20).width(200)
3.    Image($r("app.media.likes")).width(40).height(40)
4.      .fillColor(this.visible ? Color.Red : Color.Black)
5.      //2. 在这里添加"组件转场动画"
6.      .onTouch((event: TouchEvent) => {
7.        //如果单击按钮，则触发TouchType.Down事件
8.        if (event.type == TouchType.Down) {
9.          //显式动画
10.         animateTo({ duration: 2000 }, () => {
11.           //单击likes图片时，控制love图片的显示与隐藏
12.           this.visible = !this.visible
```

```
13.        })
14.      }
15.    })
16.    //love图片的透明度
17.    if (this.visible) {
18.      Image($r("app.media.love")).width(30).height(30)
19.        //设置组件转场时的透明度效果
20.        .transition({ type: TransitionType.Insert, scale: { x: 0, y: 1.0 } })
21.        .transition({ type: TransitionType.Delete, scale: { x: 0, y: 1.0 } })
22.    }
23.    //组件转场动画结束
24. }.width("100%").justifyContent(FlexAlign.Center)
```

预览应用,单击likes(点赞)图片,观察组件插入和删除时的动画效果。

5. 实现页面转场动画

在pages目录下新建页面Index2,分别在Index1和Index2这两个页面中添加页面转场动画,实现图2-100所示的效果。

图2-100 页面转场动画的效果

在Index组件中,给最外层的Stack布局添加页面的缩放比和透明度设置,并添加页面入场和出场动画效果,代码如下。

```
1. struct Index {
2.   …
3.
4.   build() {
```

```
5.    Stack() {
6.     …
7.
8.    }.width("100%")
9.     .height("100%")
10.    //在这里添加 "页面x轴方向上的缩放比"
11.    .scale({ x: this.pageScale })
12.    //在这里添加 "设置页面透明度"
13.    .opacity(this.pageOpacity)
14.   }
15.   //在这里添加 "页面入场和出场的动画效果"
16.   pageTransition() {
17.    PageTransitionEnter({ duration: 3000, curve: Curve.Linear })
18.     .onEnter((type: RouteType, progress: number) => {
19.       this.pageOpacity = progress
20.       this.pageScale = progress
21.     })
22.    PageTransitionExit({ duration: 3000, curve: Curve.Linear })
23.     .onExit((type: RouteType, progress: number) => {
24.       this.pageOpacity = 1 - progress
25.       this.pageScale = 1 - progress
26.     })
27.   }
28. }
```

在Index2组件中，参考Index1的代码，添加页面入场和出场动画，并实现页面的跳回，代码如下。

```
1. import router from '@ohos.router';
2. @Entry
3. @Component
4. struct Index2 {
5.   @State pageScale: number = 1
6.   @State pageOpacity: number = 1
7.
8.   build() {
9.    Stack() {
10.     Image($r("app.media.back_page2"))
11.      .width('100%').width('100%')
12.      .objectFit(ImageFit.Fill)
13.     Text("跳回").fontColor(Color.White).fontWeight(FontWeight.Medium)
14.      .fontSize(30)
15.      .onClick(() => {
16.        router.back()
17.      })
18.    }.width("100%").height("100%")
```

```
19.        .scale({ x: this.pageScale })
20.        .opacity(this.pageOpacity)
21.    }
22.
23.    //实现页面转场的效果
24.    pageTransition() {
25.      PageTransitionEnter({ duration: 3000, curve: Curve.Linear })
26.        .onEnter((type: RouteType, progress: number) => {
27.          this.pageOpacity = progress
28.          this.pageScale = progress
29.        })
30.      PageTransitionExit({ duration: 3000, curve: Curve.Linear })
31.        .onExit((type: RouteType, progress: number) => {
32.          this.pageOpacity = 1 - progress
33.          this.pageScale = 1 - progress
34.        })
35.    }
36. }
```

预览应用，单击相应的按钮，观察页面跳转和跳回时的页面转场动画效果。

任务小结

在App的开发中，适当地使用动画效果可以增强用户体验。本任务介绍了常用的显式动画、组件内的转场动画、页面间的转场动画的用法，ArkUI开发框架中还提供了属性动画和路径动画，有兴趣的读者可自行参考官方文档进行使用。

任务15 视频播放

任务描述

本任务使用Video组件完成视频播放的操作。

学习目标

知识目标

- 了解视频播放组件Video的相关概念；
- 了解Video的参数相关配置；
- 了解Video的控制器相关配置；

- 了解Video的常用属性相关配置；
- 了解Video的常用事件。

能力目标

- 能正确使用Video组件；
- 能进行视频播放的开发。

素质目标

- 提升自我展示能力：讲述、说明、表述和回答问题；
- 需要具备信息安全意识，能够保护个人和公司的信息安全，防范网络攻击和病毒传播。

知识储备

扫码观看视频

1. 视频播放组件Video

Video组件用于播放视频文件并控制其播放状态。视频支持的格式包括mp4、mkv、webm、TS。Video支持本地视频路径和网络路径，使用网络视频时，需要申请权限ohos.permission.INTERNET。

2. Video的参数

Video组件的参数说明如下。

```
1. Video(value: {
2.    src?: string | Resource,                    //视频播放源的路径，支持本地视频路径和网络路径
3.    //视频播放倍速,number取值仅支持0.75、1.0、1.25、1.75、2.0。默认值是1.0倍速
4.    currentProgressRate?: number | string | PlaybackSpeed,
5.    previewUri?: string | PixelMap | Resource,  //视频未播放时的预览图片路径
6.    controller?: VideoController                //设置视频控制器
7. })
```

3. Video的控制器

从Video的组件参数中可以看到，视频播放需要一个视频控制器，通过控制器可控制视频的播放、暂停和停止，示例代码如下。

```
1. //获取控制器对象
2. controller: VideoController = new VideoController()
3. //开始播放
4. this.controller.start()
5. //暂停播放
6. this.controller.pause()
7. //结束播放
```

8. this.controller.stop()
9. //精准跳转到视频的10s位置
10. this.controller.setCurrentTime(10, SeekMode.Accurate)

4. Video的常用属性

Video的组件的常用属性说明如下。

1. Video()
2. .autoPlay(false)   //是否自动播放
3. .controls(false)   //控制视频播放的控制栏是否显示
4. .muted(false)   //是否静音
5. .objectFit(ImageFit.Contain)   //视频显示模式
6. .loop(false)   //是否循环播放

5. Video的常用事件

Video组件的常用事件回调方法说明如下。

1. Video()
2.   //播放时触发该事件
3.   .onStart(event:() => void)
4.   //暂停时触发该事件
5.   .onPause(event:() => void)
6.   //播放结束时触发该事件
7.   .onFinish(event:() => void)
8.   //播放失败时触发该事件
9.   .onError(event:() => void)
10. //视频准备完成时触发该事件
11. .onPrepared(callback:(event?: { duration: number }) => void)
12. //操作进度条过程时上报时间信息，单位为s
13. .onSeeking(callback:(event?: { time: number }) => void)
14. //操作进度条完成后，上报播放时间信息，单位为s
15. .onSeeked(callback:(event?: { time: number }) => void)
16. //播放进度变化时触发该事件，单位为s，更新时间间隔为250ms
17. .onUpdate(callback:(event?: { time: number }) => void)
18. /*在全屏播放与非全屏播放状态之间切换时触发该事件，返回值为true时表示进入全屏播放状态，为false时则表示非全屏播放*/
19. .onFullscreenChange(callback:(event?: { fullscreen: boolean }) => void)

任务实施

本任务使用Video组件完成视频的播放、暂停和停止控制，同时可以进行视频源的切换，效果如图2-101所示。

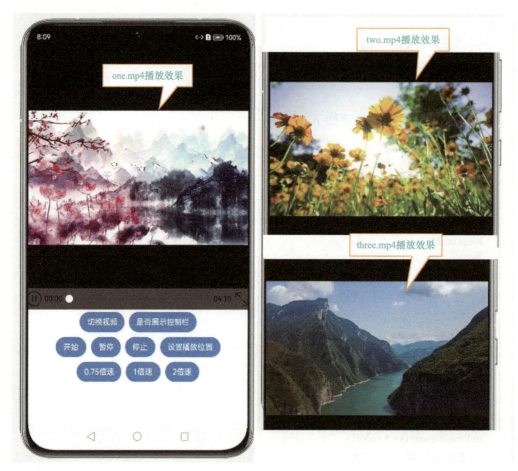

图2-101 视频播放的效果

1. 整理工程资源

本任务在新创建的**Project2_Task15**工程中进行，将任务需要的图片放到**media**目录下，将任务需要的视频资源放到**rawfile**目录下，如图2-102所示。

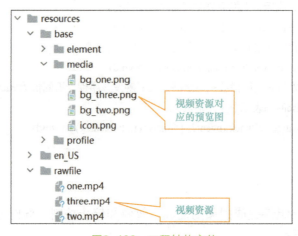

图2-102 工程结构文件

2. 实现本地视频播放

在Index.ets文件中编写代码，使用数组存放播放的视频源地址，在"切换播放源"按钮中通过数组的下标切换来改变要播放的视频；设置Video组件的参数、属性和事件，实现视频播放功能。代码如下。

1. @Entry
2. @Component
3. struct Index {
4. //视频播放源的路径
5. @State videoSrc: Resource = $rawfile('one.mp4')
6. //视频未播放时的预览图片路径
7. @State previewUri: Resource = $r('app.media.bg_one')
8. //视频播放倍速为1倍速
9. @State curRate: PlaybackSpeed = PlaybackSpeed.Speed_Forward_1_00_X
10. //是否自动播放
11. @State isAutoPlay: boolean = false
12. //是否展示控制栏
13. @State showControls: boolean = true
14. //获取视频控制器对象
15. controller: VideoController = new VideoController()
16. //视频源的切换标志
17. @State srcFlag: boolean = false
18. //本地播放视频源的数组
19. private mp4s: any[] = [
20. $rawfile("one.mp4"),
21. $rawfile("two.mp4"),
22. $rawfile("three.mp4"),
23.]
24. //视频源所在的数组下标
25. private mp4s_index: number = 0
26.
27. build() {
28.   Column() {
29.   Video({
30.   src: this.videoSrc,
31.   previewUri: this.previewUri,
32.   currentProgressRate: this.curRate,
33.   controller: this.controller
34.   })
35.   .width("100%")
36.   .height('70%')
37.   .autoPlay(this.isAutoPlay)
38.   .controls(this.showControls)

```
39.            .muted(false)
40.            .objectFit(ImageFit.Contain)
41.            .onStart(() => {
42.                console.info('onStart')
43.            })
44.            .onPause(() => {
45.                console.info('onPause')
46.            })
47.            .onFinish(() => {
48.                console.info('onFinish')
49.            })
50.            .onError(() => {
51.                console.info('onFinish')
52.            })
53.            .onPrepared((e) => {
54.                console.info('onPrepared is ' + e.duration)
55.            })
56.            .onSeeking((e) => {
57.                console.info('onSeeking is ' + e.time)
58.            })
59.            .onSeeked((e) => {
60.                console.info('onSeeked is ' + e.time)
61.            })
62.            .onUpdate((e) => {
63.                console.info('onUpdate is ' + e.time)
64.            })
65.
66.        Row() {
67.            Button('切换视频').onClick(() => {
68.                this.mp4s_index++
69.                this.videoSrc = this.mp4s[this.mp4s_index%3]              //切换视频源
70.            }).margin(5)
71.            Button('是否展示控制栏').onClick(() => {
72.                this.showControls = !this.showControls                    //切换是否显示视频控制栏
73.            }).margin(5)
74.        }
75.        Row() {
76.            Button('开始').onClick(() => {
77.                this.controller.start()                                   // 开始播放
78.            }).margin(5)
79.            Button('暂停').onClick(() => {
80.                this.controller.pause()                                   // 暂停播放
81.            }).margin(5)
```

```
82.        Button('停止').onClick(() => {
83.          this.controller.stop()                              // 结束播放
84.        }).margin(5)
85.        Button('设置播放位置').onClick(() => {
86.          this.controller.setCurrentTime(50, SeekMode.Accurate)   // 精准跳转到视频的50s位置
87.        }).margin(5)
88.      }
89.
90.      Row() {
91.        Button('0.75倍速').onClick(() => {
92.          this.curRate = PlaybackSpeed.Speed_Forward_0_75_X    // 0.75倍速播放
93.        }).margin(5)
94.        Button('1倍速').onClick(() => {
95.          this.curRate = PlaybackSpeed.Speed_Forward_1_00_X    // 原倍速播放
96.        }).margin(5)
97.        Button('2倍速').onClick(() => {
98.          this.curRate = PlaybackSpeed.Speed_Forward_2_00_X    // 2倍速播放
99.        }).margin(5)
100.     }
101.   }
102.  }
103. }
```

使用模拟器运行应用,单击各个按钮,观察视频的播放情况。

本任务提供了3个视频的预览图片,有兴趣的读者可自行修改Video的预览图片,然后在模拟器中运行,查看效果。

如果要播放网络视频,则需要设置网络权限。

任务小结

本任务介绍了Video组件的使用,使用Video提供的参数、属性和事件进行了视频播放的控制。HarmonyOS的媒体播放接口中还有音频播放的接口,有兴趣的读者可自行查阅官方文档进行使用。

单元 3
Stage 模型下的业务能力开发

情境导入

　　回顾鸿蒙发展历程，从2019年8月正式发布HarmonyOS 1.0（支持智慧屏），到2021年6月发布HarmonyOS 2.0（正式支持手机等多种终端设备），再到2022年7月27日正式推出HarmonyOS 3.0，几年来，华为克服了一个又一个困难和挑战，和全球开发者一起见证了鸿蒙生态的成长。

　　本项目介绍HarmonyOS的Stage应用开发模型下的业务能力开发，先介绍Stage模型下的UIAbility功能，再完成不同UIAbility间的跳转与传值，以及使用首选项实现轻量级的数据存储。

HarmonyOS 应用开发基础

任务1 启动Stage模型下的UIAbility

任务描述

本任务介绍Stage模型下的UIAbility，并使用UIAbilityContext启动另一个UIAbility，借助Want通信接口在UIAbility之间传递参数。

学习目标

知识目标

- 了解Stage模型的相关概念；
- 了解指定UIAbility启动页面的相关配置；
- 了解启动与停止UIAbility的相关概念；
- 了解Want信息传递载体的相关配置；
- 了解获取传递过来的数据相关配置。

能力目标

- 能在Stage模型下的不同的UIAbility间跳转；
- 能在UIAbility跳转；
- 能使用Want通信接口传递数据。

素质目标

- 遵循规范化的代码编写习惯，包括变量命名、注释格式、函数间的空行数字等，以提高代码的可读性和可维护性；
- 具备模块化思维能力，能够将复杂的任务分解为简单的模块，提高代码的可重用性和可扩展性。

知识储备

1. Stage模型

扫码观看视频　　扫码观看视频

应用模型是HarmonyOS为开发者提供的应用程序必备的组件和运行机制。在HarmonyOS的发展过程中，HarmonyOS先后提供了两种应用模型，分别是FA和Stage。两种应用模型主要在应用组件、进程模型、线程模型、应用配置文件上有所不同。

FA模型是API 8及之前主推的，而Stage模型是API 9后主推且会长期演进的能力开发模型。Stage模型中提供了AbilityStage、WindowStage等类作为应用组件和Window窗口的"舞台"。FA模型和Stage模型在应用组件上的分类如图3-1所示。

图3-1　两种模型在应用组件上的分类

Stage模型提供面向对象的开发方式，主要是为了让开发者更加方便地进行UI与数据、服务的分离，开发出分布式环境下的复杂应用。截至2023年3月，HarmonyOS还暂不支持Stage模型的基于场景的拓展能力。Stage模型的UI开发范式只支持ArkTS声明式开发范式，UI开发语言是ArkTS，业务入口的应用模型基于ohos.application.Ability/ExtensionAbility等派生，业务逻辑语言是TypeScript（扩展名为.ts）。

Stage模型中涉及比较多的基本概念，读者只有明白了这些基本概念，才能更好地理解Ability开发中的技术。Stage模型的基本概念如图3-2所示。

图3-2　Stage模型的基本概念

Stage模型中的基本概念解释如下。

● **HAP**：即OpenHarmony Ability Package，HAP是HarmonyOS应用编译、分发、加载的基本单位，也称为module。每个HAP都有一个应用内唯一的名称，称为moduleName。

● **AbilityStage**：对应HAP的运行期类，在HAP首次加载到进程中时创建，运行期开发者可见。

- Context：应用中对象的上下文，提供运行期开发者可以调用的各种能力。UIAbility组件和各种ExtensionAbility都有各自不同的Context类，它们都继承自基类Context，但是各自又根据所属组件提供不同的功能。
- UIAbility：一种包含UI界面的应用组件，主要用于和用户交互。UIAbility组件是系统调度的基本单元，为应用提供绘制界面的窗口。一个UIAbility组件中可以通过多个页面来实现一个功能模块。
- UIAbilityContext：提供允许访问特定UIAbility的资源的功能。每个UIAbility中都包含了一个UIAbilityContext。UIAbilityContext继承自Context，提供允许访问特定UIAbility的资源的功能，包括对UIAbility的启动、停止的设置，获取caller通信接口，拉起弹窗请求用户授权等。
- ExtensionAbility：一种面向特定场景的应用组件。系统定义了多种基于场景的ExtensionAbility类，它们持有各自的ExtensionContext。
- WindowStage：本地窗口管理器，每一个UIAbility都通过WindowStage持有了一个窗口，该窗口为ArkUI提供了绘制区域。
- Window：窗口管理器管理的基本单元，持有一个ArkUI引擎实例。
- ArkUI Page：方舟开发框架页面。

2. 指定UIAbility的启动页面

应用中的UIAbility在启动过程中需要指定启动页面，否则应用启动后会因为没有默认加载页面而导致白屏。可以在UIAbility的onWindowStageCreate()生命周期回调中，通过WindowStage对象的loadContent()方法设置启动页面，示例代码如下。

```
1. import UIAbility from '@ohos.app.ability.UIAbility';
2. import Window from '@ohos.window';
3.
4. export default class EntryAbility extends UIAbility {
5.   onWindowStageCreate(windowStage: Window.WindowStage) {
6.     //主窗口创建后，设置UIAbility的启动页面
7.     windowStage.loadContent('pages/Index', (err, data) => {
8.       ...
9.     });
10.  }
11.
12.  ...
13. }
```

在DevEco Studio中创建UIAbility，该UIAbility实例默认会加载Index页面，根据需要将Index页面路径替换为需要的页面路径即可。

3. 启动与停止UIAbility

要启动和停止UIAbility，可以通过UIAbility的上下文信息对象UIAbilityContext获取操作

UIAbility实例的方法。在页面中获取UIAbilityContext，包括导入依赖资源和在组件中定义一个context变量两个部分。有了context对象，就可以通过startAbility()启动指定的UIAbility，示例代码如下。

```
1. //导入上下文
2. import common from '@ohos.app.ability.common';
3. //获取UIAbilityContext上下文对象
4. private context = getContext(this) as common.UIAbilityContext;
5. let want = {
6.    //Want参数信息
7. };
8. //启动want参数中指定的UIAbility
9.    this.context.startAbility(want);
```

使用startAbility()启动指定的UIAbility时，需要将要启动的UIAbility信息封装进Want信息传递载体中。

要停止UIAbility，可以通过UIAbilityContext的terminateSelf()来实现，示例代码如下。

```
1. //context为需要停止的UIAbility实例的UIAbilityContext
2. this.context.terminateSelf((err) => {
3.    ...
4. });
```

4．Want信息传递载体

Want是对象间信息传递的载体，可以用于应用组件间的信息传递。Want的使用场景之一是作为startAbility(want)的参数，Want使用的示例代码如下。

```
1. let want = {
2.    deviceId: '',                              //deviceId为空表示本设备
3.    bundleName: 包名,
4.    abilityName: 目标UIAbility名,
5.    parameters: {                              //跳转时传递的参数
6.       key: val                                //传递参数的关键字为key,值为val
7.    },
8. }
9. //context为调用方UIAbility的UIAbilityContext
10. this.context.startAbility(want).then(() => {
11.    ...
12. }).catch((err) => {
13.    ...
14. })
```

启动UIAbility时传递的Want参数提供了系统的基本通信组件的功能。借助Want通信接口，可实现不同UIAbility之间的通信。通过Want传递的一般有deviceId、bundleName、abilityName及parameters，具体说明如下。

- deviceId：目标设备的ID，调用远端设备时需提供。
- bundleName：目标UIAbility的包名，对应app.json5中的app标签的bundleName。

- abilityName：目标UIAbility名，对应module.json5中的abilities标签的name。
- parameters：由开发人员自行决定的传递给目标UIAbility的键值对参数，含url（目标页面路径）和采用key:val方式传递的参数。

通过Want传递的参数，主要传递bundleName和abilityName。如果在应用内启动UIAbility，则不需要提供deviceId。

5. 获取传递过来的数据

获取UIAbility传递过来的参数，需要在目的地的UIAbility（比如SecondAbility）中的生命周期函数onCreate()回调方法中接收onCreate()中的参数want，这个want就是传递过来的数据。通常会将want接收后，保存到全局变量globalThis对象中，示例代码如下。

```
1. export default class SecondAbility extends UIAbility {
2.   onCreate(want, launchParam) {
3.     //接收UIAbility跳转时通过Want传过来的参数
4.     globalThis.destWant = want;
5.     ...
6.   }
7. }
```

目的地UIAbility获取到数据后，在目的地的页面中就可以通过globalThis.destWant获取传递过来的关键字key对应的值val，示例代码如下。

```
let val = globalThis.destWant?.parameters?.key;
```

任务实施

本任务创建一个Stage模型下的UIAbility，并使用UIAbilityContext在MainAbility中启动SecondAbility，然后借助Want通信接口在UIAbility间跳转时传递数据，实现同一个设备下两个UIAbility间的跳转和传值，效果如图3-3所示。

图3-3　UIAbility间跳转和传值的效果

1. 整理工程资源

本任务在新创建的Project3_Task1工程中完成，创建工程时默认选择Stage、API 9。本任务需要两个UIAbility，分别是MainAbility和SecondAbility。MainAbility由创建工程时默认生成的EntryAbility.ts重命名而来，SecondAbility需要在ets目录下新建Ability生成。

本任务的SecondAbility需要一个对应的页面Second_Index，需要在pages目录下新建ArkTS File生成；MainAbility对应的Main_Index，由Index.etx重命名而来。

按要求生成和重命名对应的文件，最终的工程文件如图3-4所示。

单元3 Stage模型下的业务能力开发

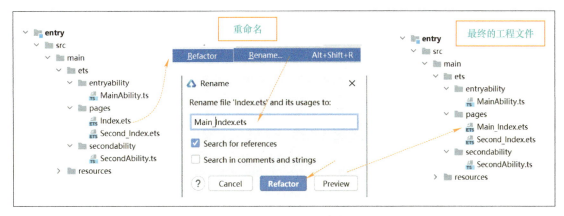

图3-4 最终的工程文件

为确保应用能正常运行,需要检查页面配置文件中的页面信息是否正确,如图3-5所示。

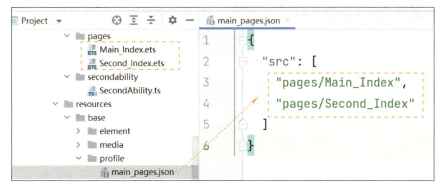

图3-5 检查页面配置文件中的页面信息是否正确

2. 设定两个UIAbility的启动页面

此时,当前应用有两个Ability,可以到两个Ability对应的入口文件中查看继承信息,以证明MainAbility和SecondAbility就是UIAbility,如图3-6所示。

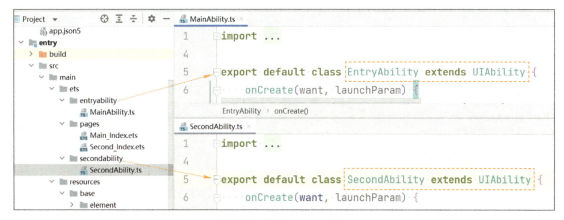

图3-6 检查UIAbility信息

分别在两个UIAbility的入口文件中设置UIAbility对应的首页,如图3-7所示。

155

图3-7 设置UIAbility对应的首页

继续查看配置文件module.json5，在abilities标签节点中有两个Ability，其中，由skills说明的节点是整个应用运行时启动的Ability，如图3-8所示。当前应用运行时，先运行EntryAbility，而EntryAbility的入口文件是MainAbility.ts。

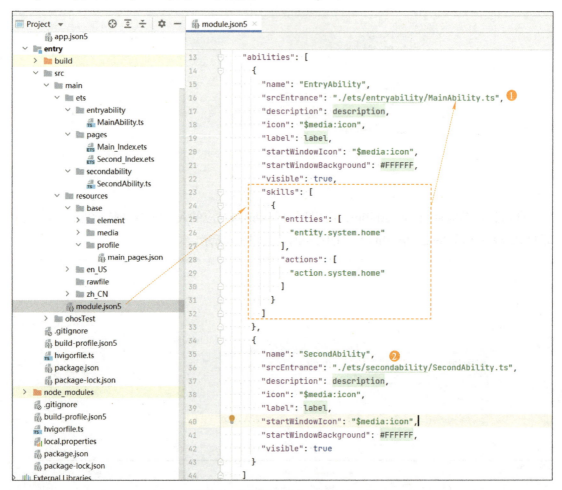

图3-8 查看配置文件module.json5

3. 在Main_Index页面中跳转并传递数据

在Main_Index.ets中导入UIAbilityContext上下文对象，在组件的单击事件中获取上下文对象，组装Want通信接口中的参数，传递关键字为msg、值为字符串类型的val，代码如下。

```
1. //导入上下文对象
2. import common from '@ohos.app.ability.common';
3.
4. @Entry
5. @Component
6. struct Main_Index {
7.   //获取UIAbilityContext上下文对象
8.   private context = getContext(this) as common.UIAbilityContext;
9.
10.   build() {
11.     Row() {
12.       Column() {
13.         Text('Main_index页面').fontSize(40).margin({bottom:40})
14.         Text('跳转到\nSecondAbility')
15.           .fontSize(30).backgroundColor("#ffd6eab5")
16.           .onClick(()=>{
17.             //跳转到指定的UIAbility并传递字符串类型的值
18.             let want = {
19.               bundleName: 'com.example.project3_task1',//包名
20.               abilityName: 'SecondAbility', //目标UIAbility名
21.               parameters: {               //跳转时传递的参数
22.                 msg: "有人入侵"           //传递参数关键字为msg、值为字符串类型的val
23.               }
24.             };
25.             //启动want参数中指定的UIAbility
26.             this.context.startAbility(want)
27.               .then(()=>{
28.                 //启动成功后，代码执行到这里
29.                 console.log("启动SecondAbility成功...")
30.               }).catch(()=>{
31.                 //启动失败后，代码执行到这里
32.                 console.log("启动SecondAbility失败...")
33.               });
34.
35.       })
36.     }
37.     .width('100%')
38.   }
39.   .height('100%')
40.  }
41. }
```

4. 在目标UIAbility获取传递过来的数据

目标UIAbility入口文件SecondAbility.ts中的onCreate()方法，使用globalThis全局对象存储传递过来的want数据，代码如下。

```
1. export default class SecondAbility extends UIAbility {
2.     onCreate(want, launchParam) {
3.         //接收UIAbility跳转时通过want传过来的参数
4.         globalThis.destWant = want;
5.         …
6.     }
7.     ...
8. }
```

在目标页面Second_Index中导入上下文，在组件的生命周期函数aboutToAppear()中通过关键字msg获取传递过来的数据，并在"跳回"按钮中实现跳转回MainAbility，代码如下。

```
1. //导入上下文对象
2. import common from '@ohos.app.ability.common';
3. @Entry
4. @Component
5. struct Second_Index {
6.     @State val: string = ""
7.     //获取UIAbilityContext上下文对象
8.     private context = getContext(this) as common.UIAbilityContext;
9.
10.    aboutToAppear(){
11.        //从全局变量globalThis中获取关键字为msg的值
12.        this.val = globalThis.destWant?.parameters?.msg;
13.    }
14.
15.    build() {
16.        Row() {
17.            Column() {
18.                Text('Second_Index页面').fontSize(40).margin({bottom:40})
19.                Text('接收到值：'+this.val)
20.                    .fontSize(50)
21.                    .fontWeight(FontWeight.Bold).margin({bottom:40})
22.                //跳回MainAbility的Main_Index页
23.                Button('返回').fontSize(40)
24.                    .onClick(()=>{
25.                        //结束SecondAbility
26.                        this.context.terminateSelf((err)=>{
27.                            console.log("结束SecondAbility时发生错误...")
28.                        });
29.                    })
```

```
30.        }
31.        .width('100%')
32.     }
33.     .height('100%')
34.   }
35. }
```

在模拟器中运行应用,从而验证可以从MainAbility跳转到SecondAbility,并正确接收到了传递过来的数据,还能从SecondAbility跳回到MainAbility。

任务小结

在同一个UIAbility内部的不同页面间,跳转和传值可以使用页面路由router模块或路由容器组件Navigator;当在不同的UIAbility间跳转并传值时,需要使用上下文提供的startAbility(want)方法,将跳转相关的参数设置在Want通信接口中。至此,读者已经能够实现在UIAbility内和UIAbility间的跳转及传值。

使用首选项实现轻量级数据存储

任务描述

本任务使用State模型下的首选项轻量级数据存储接口,实现登录界面中常用的记住密码标志功能。

学习目标

知识目标

- 了解首选项轻量级数据存储的相关概念;
- 了解首选项的常用函数说明。

能力目标

- 能使用首选项保存数据;
- 能读取首选项的数据;
- 能利用首选项实现记住密码标志功能。

素质目标

- 培养团队协作能力：相互沟通、互相帮助、共同学习、共同达到目标；
- 应具备学习和总结的能力，能够不断学习新的技术和知识，并将其应用于实际工作中，同时对工作中的问题和经验进行总结和归纳。

知识储备

扫码观看视频

1. 首选项轻量级数据存储

ArkTS的数据管理API提供了首选项Preferences轻量级数据存储实例，用于获取和修改存储数据，并支持应用持久化轻量级数据。

Preferences采用Key-Value键值对的方式进行数据的处理，Key的类型为字符串，Value的存储类型有number、string、boolean以及这3种类型的数组类型。

首选项存储可以采用callback异步回调方式，也可以采用异步Promise方式。每一种方式的使用有所不同。本任务以callback异步回调方式进行讲解。

2. 首选项的常用函数说明

使用首选项存储，需要导入模块，代码如下。

```
import data_preferences from '@ohos.data.preferences';
```

导入模块后，保存和读取数据都需要先使用data_preferences.getPreferences获取到Preferences实例，再通过此实例对象调用对应接口。

在Stage模型下使用callback异步回调的方式，操作轻量级存储的说明和示例代码如下。

（1）获取Preferences实例

获取Preferences实例，使用callback异步回调，调用方法的说明如下。

```
getPreferences(context: Context, name: string, callback: AsyncCallback<Preferences>): void
```

参数说明：

context：应用上下文；

name：存储Preferences数据的文件名；

callback：回调函数，当获取Preferences实例成功时，err为undefined，返回Preferences实例，否则err为错误码。

使用时的示例代码如下。

```
getPreferences(context, name, function (err, val) {...}
```

（2）判断是否包含键

检查Preferences实例是否包含名为给定Key的存储键值对，使用callback异步回调。在回调函数中，当获取成功时，err为undefined，val为键对应的值，否则err为错误码。调用方法的说明和使用示例代码如下。

```
1. has(key: 键, callback: AsyncCallback<boolean>): void
2. //使用示例
3. has(key, function (err, val) {...}
```

（3）写入数据

将数据写入Preferences实例，可通过flush()将Preferences实例持久化，使用callback异步回调。调用方法的说明和使用示例代码如下。

1. put(key: string, value: ValueType, callback: AsyncCallback<void>): void
2. //使用示例
3. put(键, 值, function (err) {...}
4. flush()   //持久化

（4）读取数据

获取键对应的值，如果值为null或者非默认值类型，则返回默认数据，使用callback异步回调。在回调函数中，当获取成功时，err为undefined，data为键对应的值，否则err为错误码。调用方法的说明和使用示例代码如下。

1. get(key: string, defValue: ValueType, callback: AsyncCallback<ValueType>): void
2. //使用示例
3. get(KEY_REMEMBERPASS_FLAG, false, function (err, data) {...}

任务实施

本任务使用首选项轻量级数据存储，将"记住密码"的选中状态进行保存，当应用下一次启动后，依据保存的"记住密码"的状态更新"记住密码"的开关状态标志，效果如图3-9所示。

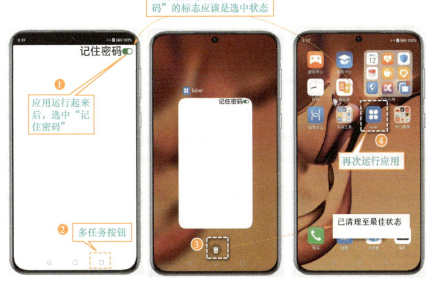

图3-9　记住密码状态标志的效果

1. 整理工程资源

本任务在新创建的Project3_Task2工程中实施，需要在ets目录下创建相关的目录和文件，并将EntryAbility.ts重命名为EntryAbility.ets，以便可以在EntryAbility.ets中导入首选项的工具类，工程文件结构如图3-10所示。

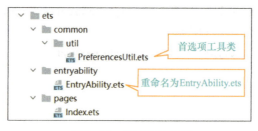

图3-10　工程文件结构

2. 封装首选项工具类

在工具类PreferencesUtil中导入首选项，创建方法以用于获取Preferences实例对象；Preferences实例对象会在应用启动时保存为全局对象globalThis.preferences（下一步中操作）；在工具类的其他方法中，使用该全局对象globalThis.preferences进行键值对数据的保存和读取，并通过callback回调方法将获取到的值回传给调用者。示例代码如下。

```
1. //导入首选项
2. import data_preferences from '@ohos.data.preferences';
3. //保存首选项键值对数据的文件名
4. const PREFERENCES_NAME = 'myPreferences';
5. // "记住密码"标志
6. const KEY_REMEMBERPASS_FLAG = 'key_rememberpass_flag';
7. /**
8.  * 首选项工具类
9.  * 提供保存、读取键值对数据的方法
10. */
11. export default class PreferencesUtil {
12.   //创建并获取Preferences对象
13.   createPreferences(context,
14.                    callback:(data:data_preferences.Preferences)=> void) : void {
15.     data_preferences.getPreferences(context, PREFERENCES_NAME, function (err, val) {
16.       if (err) {
17.         console.info("Preferences获取失败... code =" + err.code + ", message =" + err.message);
18.         return null;
19.       }
20.       console.info("获取成功...");
21.       callback(val)            //将获取到的Preferences对象回传给调用者
22.     })
23.   }
24.   //保存"记住密码"标志,如果不存在,则保存"记住密码"标志为false;如果存在，则不保存
25.   saveDefaultFlag() {
26.     globalThis.preferences?.has(KEY_REMEMBERPASS_FLAG, (err, val) => {
```

```
27.    if (err) {
28.      console.info("has失败... code =" + err.code + ", message =" + err.message);
29.      return;
30.    }
31.    if (val) {                          //已存在
32.      console.info("已存在对应的关键字...");
33.    } else {                            //不存在
34.      console.info("不存在对应的关键字...");
35.      this.saveFlag(false)     //保存默认值为false
36.    }
37.  })
38. }
39. //保存"记住密码"标志
40. saveFlag(flag) {
41.   globalThis.preferences?.put(KEY_REMEMBERPASS_FLAG, flag, function (err) {
42.     if (err) {
43.       console.info("保存失败... code =" + err.code + ", message =" + err.message);
44.       return;
45.     }
46.     //将Preferences实例数据进行持久化
47.     globalThis.preferences.flush();
48.     console.info("保存成功...");
49.   })
50. }
51. //获取"记住密码"标志
52. getFlag(callback:(data:boolean)=> void) {
53.   globalThis.preferences?.get(KEY_REMEMBERPASS_FLAG, false, function (err, data) {
54.     if (err) {
55.       console.info("获取值失败... code =" + err.code + ", message =" + err.message);
56.       return
57.     }
58.     console.info("获取值成功... val： " + data);
59.     callback(data)        //将获取到的"记住密码"标志回传给调用者
60.   })
61. }
62. }
```

3. 将首选项实例对象保存为全局对象

在EntryAbility.ets中导入首选项工具类,实例化工具类对象,在onCreate()生命周期函数中将Preferences实例对象保存为全局对象globalThis.preferences，保存默认的"记住密码"的标志为false，示例代码如下。

```
1. …
2. //导入首选项工具类
3. import PreferencesUtil from '../common/util/PreferencesUtil';
4.   //实例化工具类对象
5. let preferences:PreferencesUtil = new PreferencesUtil();
6. export default class EntryAbility extends UIAbility {
7.     onCreate(want, launchParam) {
8.        //将Preferences对象保存到全局
9.        preferences.createPreferences(
10.          this.context, (data) => {
11.            globalThis.preferences = data
12.            //如果没有保存过"记住密码"标志，则默认保存为false
13.            preferences.saveDefaultFlag();
14.        });
15.        ...
16.     }
17.     ...
18. }
```

4．处理记住密码标志

在Index.ets文件中，导入首选项工具类，实例化工具类对象，在组件的生命周期函数aboutToAppear()中获取"记住密码"标志并将标志赋值给状态变量isRememberPass，将开关的状态与状态变量isRememberPass进行绑定，在开关的事件处理中将开关的实时状态值进行保存，示例代码如下。

```
1. //导入首选项工具类
2. import PreferencesUtil from '../common/util/PreferencesUtil';
3. //实例化工具类对象
4. let preferences: PreferencesUtil = new PreferencesUtil();
5.
6. @Entry
7. @Component
8. struct Index {
9.   @State isRememberPass: boolean = false       // "记住密码"的选中状态
10.  aboutToAppear() {
11.    //获取"记住密码"标志
12.    preferences.getFlag((data:boolean)=> {
13.      this.isRememberPass = data
14.      console.info("获取值成功... data： " + data);
15.    })
16.    console.log('aboutToAppear获取到：' + this.isRememberPass)
17.  }
18.  build() {
```

```
19.    Row() {
20.      Text('记住密码').fontSize(40)
21.      Toggle({ isOn: this.isRememberPass,        //开关状态组件初始化状态为开
22.        type: ToggleType.Switch })               //组件为开关样式
23.        .switchPointColor(Color.White)           //Switch的圆形滑块颜色
24.        .selectedColor(Color.Green)              //设置组件打开状态的背景颜色
25.        .width(40)
26.        .height(40)
27.        .margin({ right: 20 })                   //外边距
28.        .onChange((isOn) => {                    //开关的事件处理
29.          this.isRememberPass = isOn             //获取开关的状态
30.          preferences.saveFlag(this.isRememberPass)
31.          console.log("开关状态: " + this.isRememberPass)
32.        })
33.    }.width('100%')
34.      .justifyContent(FlexAlign.End)             //右对齐
35.    }
36. }
```

用模拟器运行应用，分别选中和取消选中"记住密码"的标志后，单击"多任务"按钮，进行应用的内存数据清理，以确保再次启动应用时"记住密码"的标志不是读取的内存数据，而是读取首选项的持久化数据。

任务小结

本任务使用轻量级存储接口Preferences实现了App常见的"记住密码"标志功能。在实际的开发中，获取到"记住密码"标志信息后，还需要同步操作用户名和密码的回填问题，这里限于篇幅，未实现相关功能。

本任务中的首选项使用的是异步回调的操作方式。HarmonyOS针对首选项的数据操作提供了Promise异常编程的方式。有关该方式的使用，读者可以参考API文档进行学习。

在App的开发过程中还经常使用首选项进行App的首次运行、首次登录的判断。这些功能的实现将在后续的《HarmonyOS应用开发实战》书中实现，有兴趣的读者可关注后续相关内容。

参 考 文 献

[1] 刘安战. HarmonyOS移动应用开发：ArkTS版[M]. 北京：清华大学出版社，2023.

[2] 刘兵. 鸿蒙应用开发从零基础到实战[M]. 北京：中国水利水电出版社，2022.